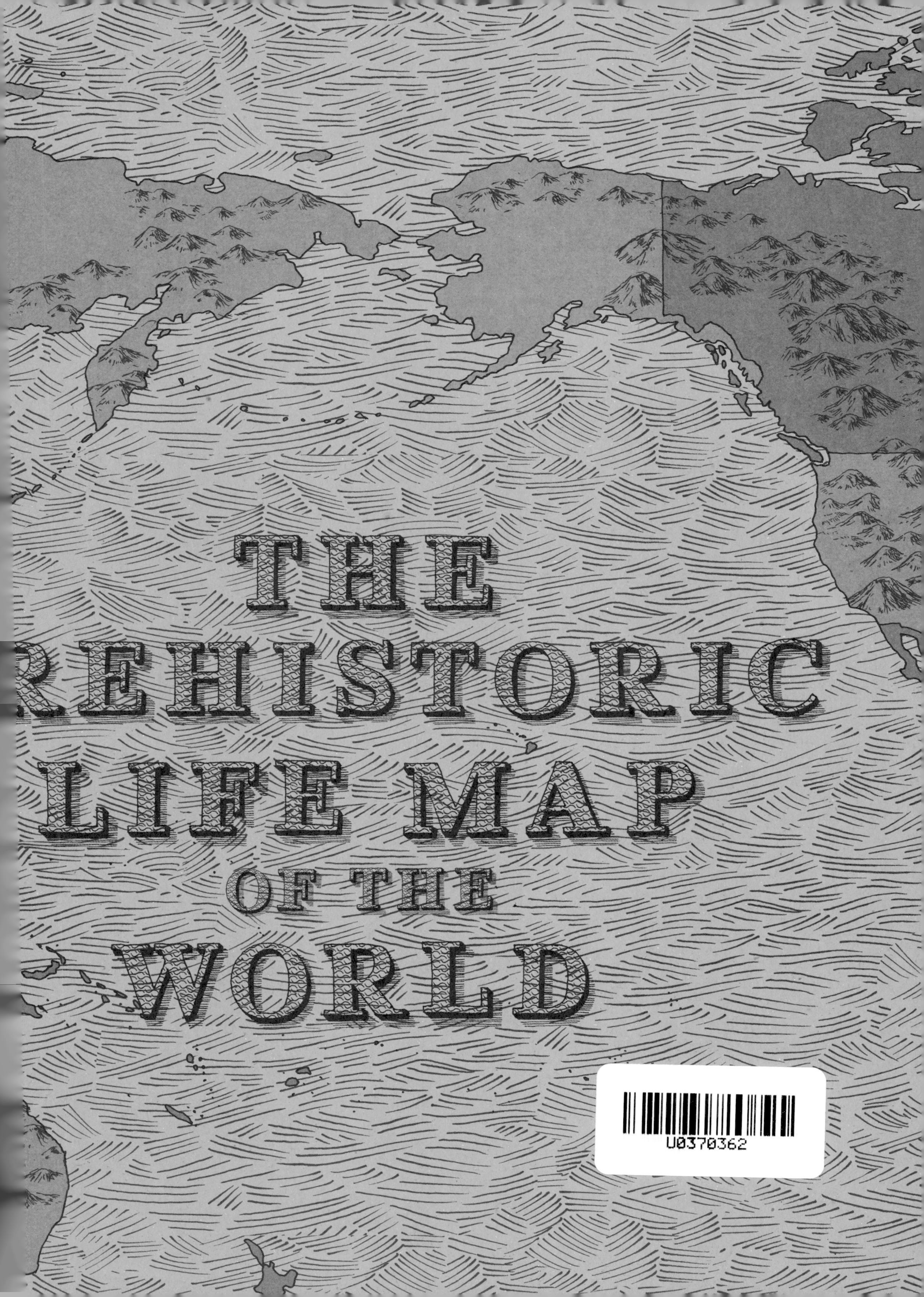

THE
PREHISTORIC
LIFE MAP
OF THE
WORLD

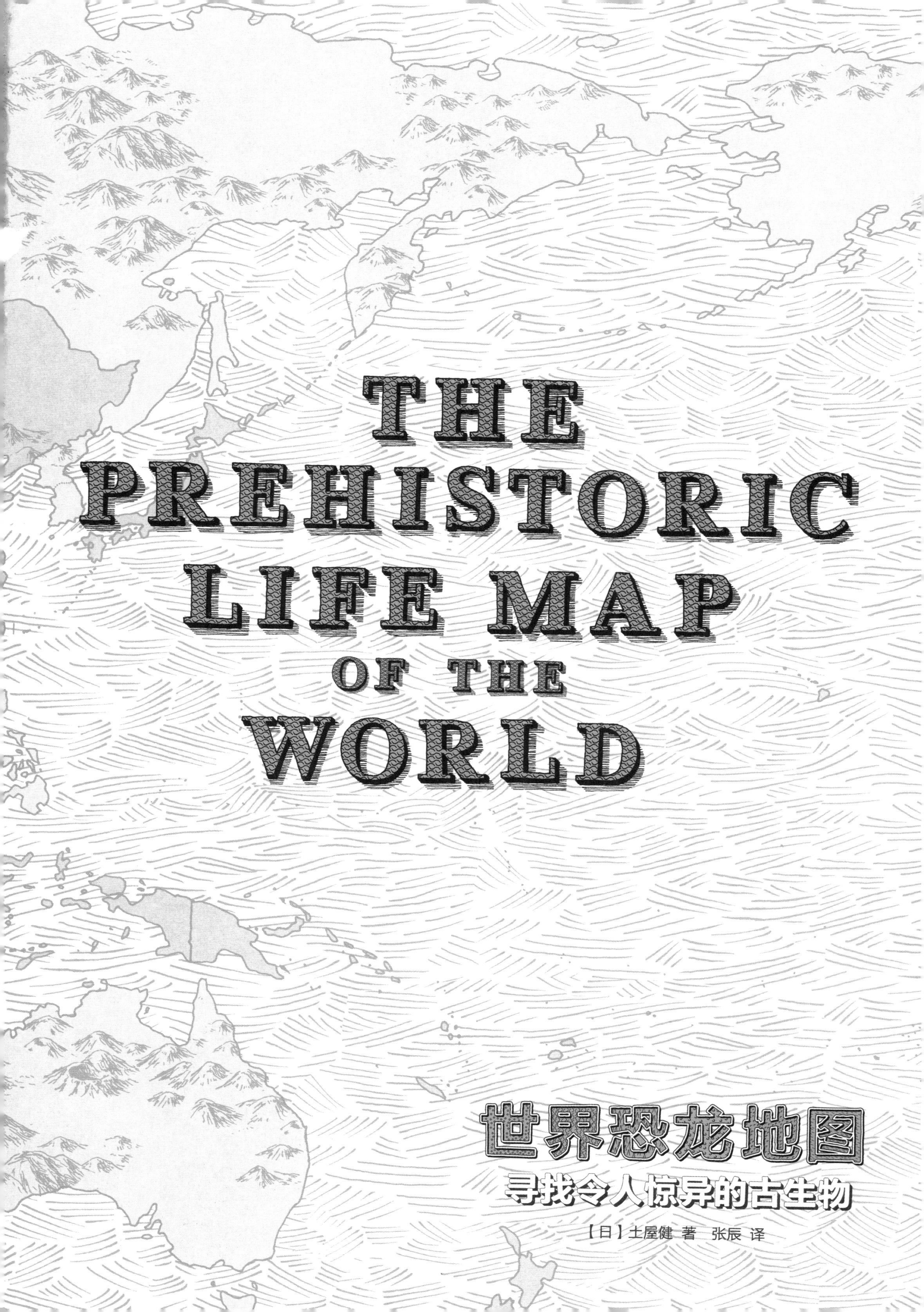

THE PREHISTORIC LIFE MAP OF THE WORLD

世界恐龙地图

寻找令人惊异的古生物

【日】土屋健 著　张辰 译

欧洲 4

南北美洲 60

非洲 48

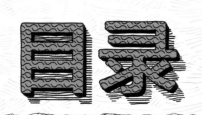
目录

欧亚大陆·东亚 34

大洋洲·南极洲 80

CONTENS

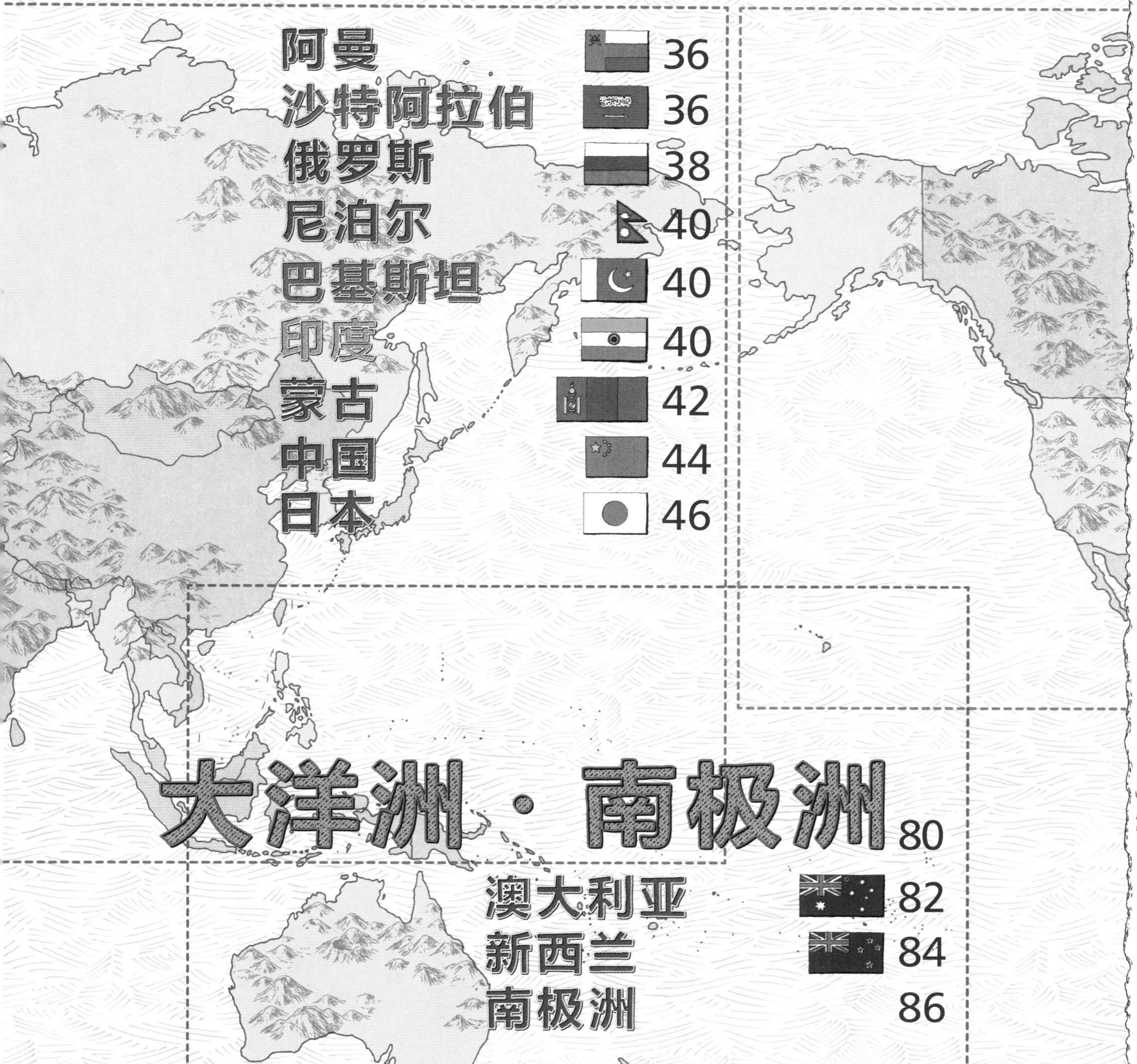

欧洲
EUROPE

瑞典 6

挪威 6

比利时 22

德国 12

英国 10

捷克 16

法国 24

葡萄牙 32

瑞士 28

意大利

西班牙 30

26

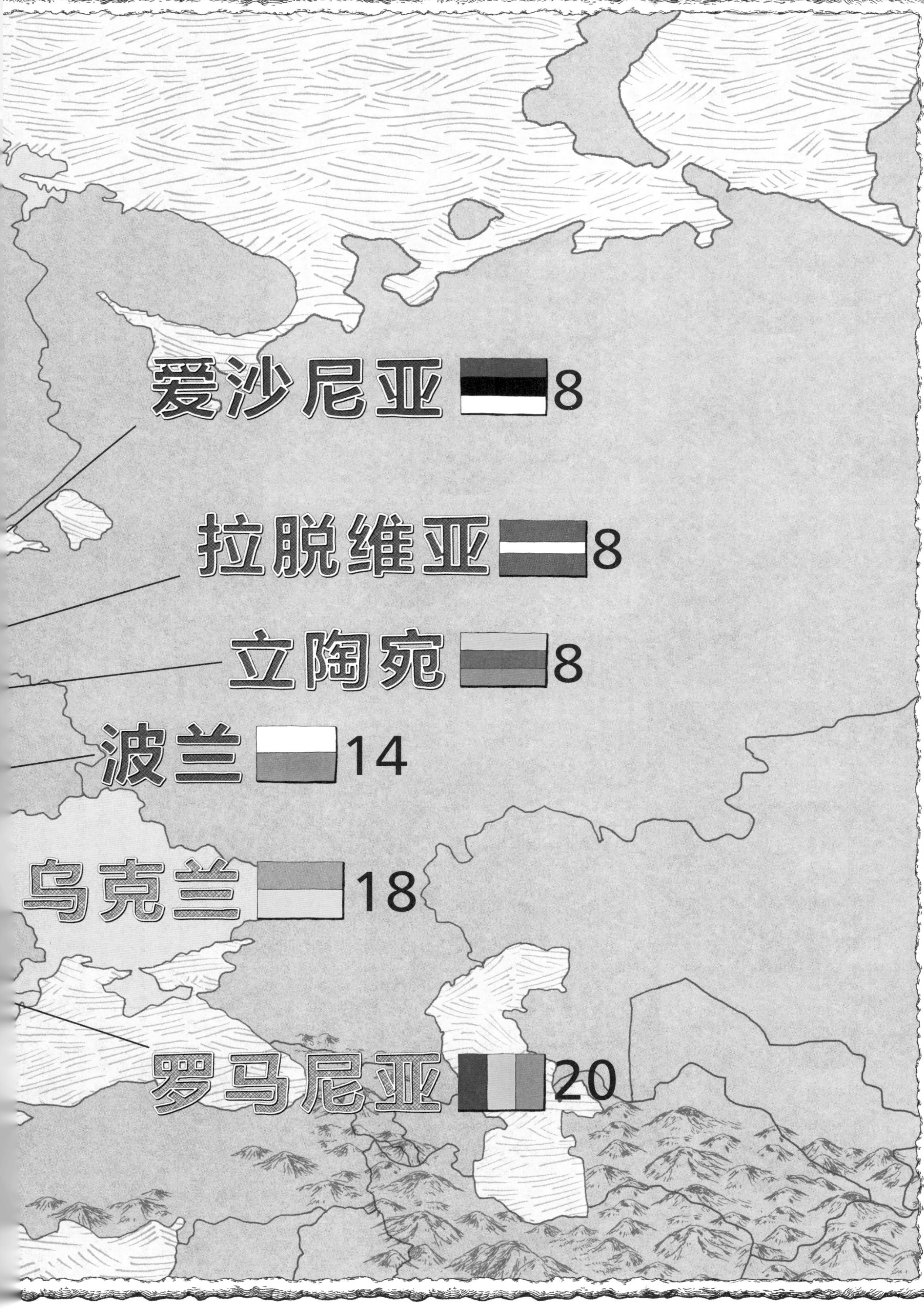

寒武纪	奥陶纪	志留纪	泥盆纪	石炭纪	二叠纪	三叠纪	侏罗纪	白垩纪	第四纪
(约5亿4100万年前~)	(约4亿8500万年前~)	(约4亿4400万年前~)	(约4亿1900万年前~)	(约3亿5900万年前~)	(约2亿9900万年前~)	(约2亿5200万年前~)	(约2亿100万年前~)	(约1亿4500万年前~)	(约258万年前)

① ② ③④ ⑤⑥ ⑦⑧ ⑧ ⑦ ⑨

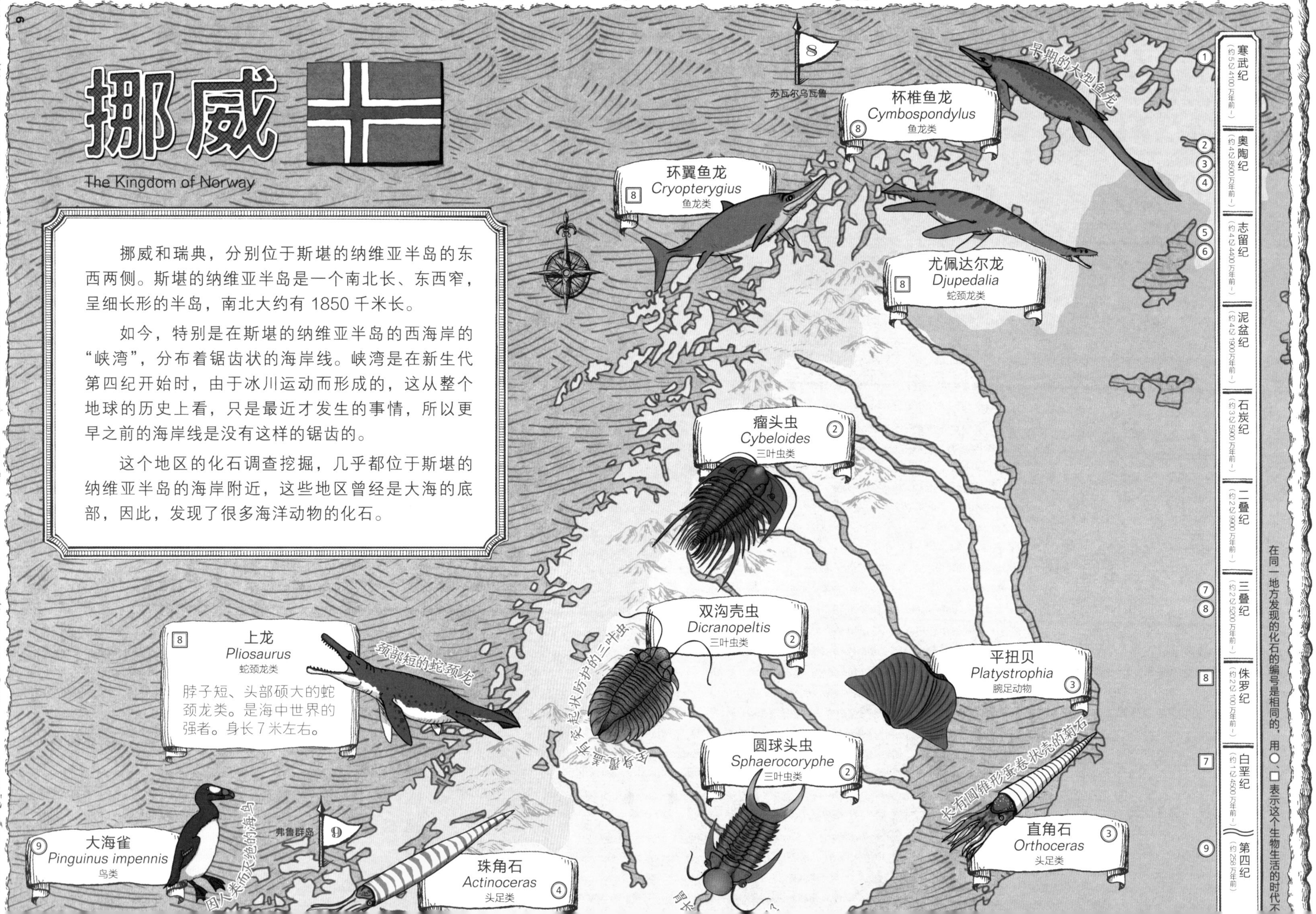

寻斯的大地鱼龙

杯椎鱼龙
Cymbospondylus
鱼龙类
⑧

尤佩达尔龙
Djupedalia
蛇颈龙类
⑧

布瓦尼乌瓦鲁

环翼鱼龙
Cryopterygius
鱼龙类
⑧

平扭贝
Platystrophia
腕足动物

直角石
Orthoceras
头足类
③

以维奇纪的拿笔让挡坦圆半头

瘤头虫
Cybeloides
三叶虫类
②

双沟壳虫
Dicranopeltis
三叶虫类
②

圆球头虫
Sphaerocoryphe
三叶虫类
②

哥尔

奥陶纪的三叶虫身怪多异

珠角石
Actinoceras
头足类
④

挪威

The Kingdom of Norway

挪威和瑞典，分别位于斯堪的纳维亚半岛的东西两侧。斯堪的纳维亚半岛是一个南北长、东西窄，呈细长形的半岛，南北大约有1850千米长。

如今，特别是在斯堪的纳维亚半岛的西海岸的"峡湾"，分布着锯齿状的海岸线。峡湾是在新生代第四纪开始时，由于冰川运动而形成的，这是从整个地球的历史上看，只是最近才发生的事情，所以更早之前的海岸线是没有这样的锯齿的。

这个地区的化石调查挖掘，几乎都位于斯堪的纳维亚半岛的海岸附近，这些地区曾经是大海的底部，因此，发现了很多海洋动物的化石。

颈部很长的蛇颈龙

上龙
Pliosaurus
蛇颈龙类
胖子短、头部硕大的蛇颈龙类，是海中世界的强者，身长7米左右。
⑧

卡鲁诺腔鱼

可怕的巨大海鸟大海雀

大海雀
Pinguinus impennis
鸟类
⑨

① 三眼虫
Goticaris
甲壳类
身长 2.7 毫米，是虾或螃蟹的同类。大复眼根部的左右两侧，长有具有感觉亮度功能的小眼睛。

巨大的一只复眼和两只单眼

⑤ 大头虫
Bumastus
三叶虫类

⑤ 蓍星虫
Encrinurus
三叶虫类

头像草莓一样的三叶虫

① 单眼虫
Cambropachycope
甲壳类
身长 1.5 毫米。头部的前端是一个像很多镜片聚集在一起而形成的大复眼。

缩小的的三叶虫的主要

只有一只复眼

⑤ 阿克丁虫
Arctinurus
三叶虫类

③ 副希若拉虫
Paraceraurus
三叶虫类

尾部长有 4 根刺

⑦ 海王龙
Tylosaurus
沧龙类

哥得兰省

② 斜视虫
Illaenus
三叶虫类

达拉纳省

② ③

锡利扬湖

⑦ 阔头螈
Gerrothorax
两栖类

⑥ 细鳞吻鱼
Rhyncholepis
无颌鱼类

鳞片细长的无颌鱼类

维特恩湖

⑤

① 马丁虫
Martinssonia
甲壳类

⑦ 海诺龙
Hainosaurus
沧龙类

⑦ 标枪状箭石
Belemnellocamax
箭石类

斯科纳省

⑥ 翼肢鲎
Pterygotus
板足鲎类

鳞像锁链一样的无颌鱼类的板足鲎类

⑥ 细鳞扁平鱼
Phlebolepis
无颌鱼类

④

维纳恩省

奥斯陆

⑧

⑥ 混足鲎
Mixopterus
板足鲎类

长有 3 种足的板足鲎类

瑞典
The Kingdom of Sweden

长有 1 只眼的板足鲎

答案：95 页

小测验

① 斯堪的纳维亚半岛的峡湾海岸，是什么时候形成的？

② 同时拥有大眼睛和小眼睛的"三眼虫"。小眼睛主要有什么功能？

③ 在奥斯陆发现的，长有细长的鳞片、没有下颌的鱼叫什么名字？

7

爱沙尼亚
The Republic of Estonia

拉脱维亚
The Republic of Latvia

① 直角石 Orthoceras 头足类

③ 僧帽海胆 Bothriocidaris 海胆类

② 博埃达盾壳虫 Boedaspis 三叶虫类

① 副希若拉虫 Paraceraurus 三叶虫类

⑧ 花鳞鱼 Thelodus 无颌鱼类

① 细鳞扁平鱼 Phlebolepis 无颌鱼类

⑧ 洞鱼 Tremataspis 无颌鱼类

卡瓦勒斯基栉虫 Asaphus kowalewskii 三叶虫类

⑥ 蟹体鲎 Carcinosoma 板足鲎类

⑥ 混足鲎 Mixopterus 板足鲎类
板足鲎的同类，长有捕食用、步行用、游泳用三种不同类型的足。身长70厘米。

原始的海胆

鳞像锁链一样的无颌鱼类

用胃板来保护头部的无颌鱼

大眼睛位于头顶部的三叶虫

头形像铠甲的板足鲎类

塔林

卢克拉

拉皮纳半岛

萨雷马岛

爱沙尼亚、拉脱维亚和立陶宛，是面向波罗的海的三个国家，也被称作"波罗的海三国"。

在这个区域内发现的很多化石，与位于它右两边的俄罗斯西部和斯堪的纳维亚半岛所发现化石属于同样的种类。现在，这里距美洲大陆很遥远，不过，在以前它们之间的距离非常近，因此，同样的化石在这里和在美洲东侧都可以发现。

约3亿7000万年前的古生代泥盆纪晚期，北美洲的一部分、格陵兰岛和斯堪的纳维亚半岛连接在一起，在赤道附近形成了一个大陆。在这个大陆上流动的河水中，生活着潘氏鱼等长着"脚一样的鳍"的鱼，这样的化石也在这里被发现了。

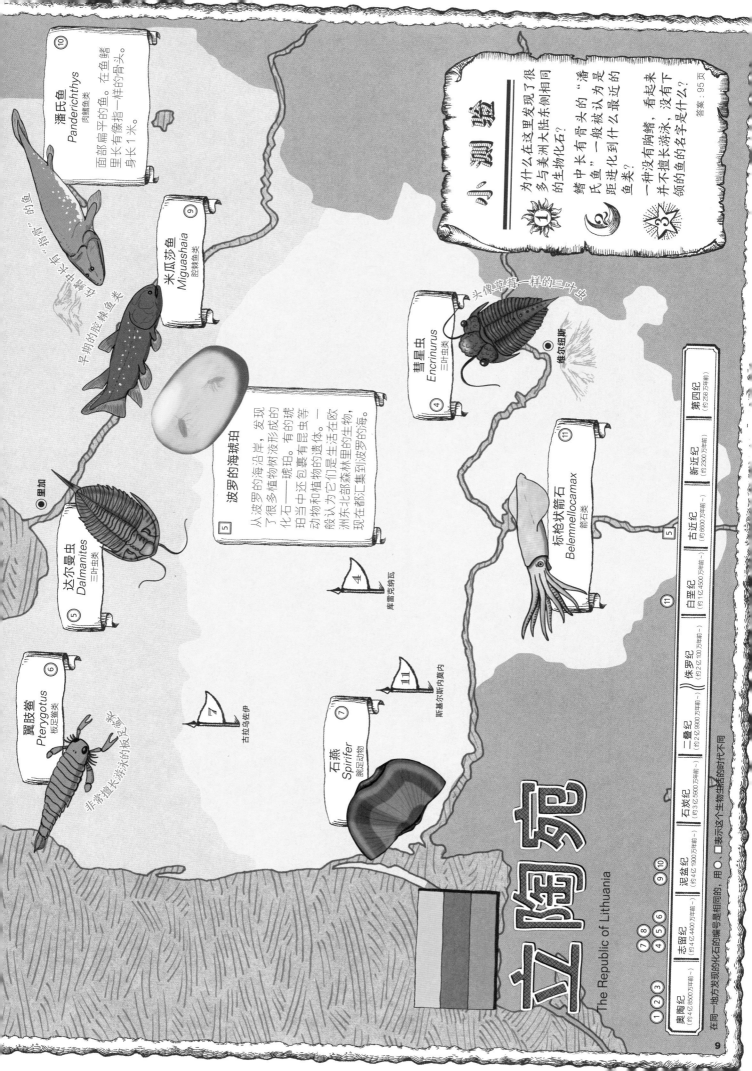
立陶宛
The Republic of Lithuania
翼肢鲎
Pterygotus
板足鲎类
⑥
非常擅长游泳的板足鲎类
达尔曼虫
Dalmanites
三叶虫类
⑤
里加
早期的腔棘鱼类
在鳍中长有“指骨”的鱼
潘氏鱼
Panderichthys
肉鳍鱼类
⑩
面部扁平的鱼。在鱼鳍里长有像指一样的骨头。身长1米。
米瓜莎鱼
Miguashaia
腔棘鱼类
⑨
7
古拉乌佐伊
5 波罗的海琥珀
从波罗的海沿岸，发现了很多植物树液形成的化石——琥珀。有的琥珀当中还包裹有昆虫等动物和植物的遗体。一般认为它们是生活在欧洲东北部森林里的生物，现在都汇集到波罗的海。
石燕
Spirifer
腕足动物
⑦
4
库雷克纳瓦
11
斯基尔斯内莫内
彗星虫
Encrinurus
三叶虫类
④
头像草莓一样的三叶虫
维尔纽斯
标枪状箭石
Belemnellocamax
箭石类
⑪
小测验
① 为什么在这里发现了很多与美洲大陆东侧相同的生物化石？
② 鳍中长有骨头的“潘氏鱼”一般被认为是距进化到什么最近的鱼类？
③ 一种没有胸鳍，看起来并不擅长游泳，没有下颌的鱼的名字是什么？
答案：95页
①②③ 奥陶纪（约4亿8500万年前～）
⑦⑧④⑤⑥ 志留纪（约4亿4400万年前～）
⑨⑩ 泥盆纪（约4亿1900万年前～）
石炭纪（约3亿5900万年前～）
二叠纪（约2亿9900万年前～）
侏罗纪（约2亿100万年前～）
⑪ 白垩纪（约1亿4500万年前～）
5 古近纪（约6600万年前～）
新近纪（约2300万年前）
第四纪（约258万年前）
在同一地方发现的化石的编号是相同的，用○、□表示这个生物生活的时代不同

英国
The United Kingdom of Great Britain and Northern Ireland

英国是一个拥有众多岛屿的国家，其中最大的岛屿是大不列颠岛。

约4亿3000万年前的古生代中期，大不列颠岛的南部和北部是分开的，它们中间是温暖的海洋，所以，在英国各地发现了很多海洋动物的化石。另一方面，莱尼发现的植物化石，也以是世界上最古老的陆地植物而闻名。

英国是世界上最先开始研究地质和化石的国家。中生代白垩纪、侏罗纪地层中斑龙和禽龙化石的发现，成为了"恐龙"这种动物闻名世界的契机。

空尾蜥
Coelurosauravus ⑨
爬行类
会滑翔的爬行类

大海雀
Pinguinus impennis ⑱
鸟类

桨肋虫
Remopleurides ①
三叶虫类

大角鹿
Megaloceros giganteus ⑰
鹿类
身长3米！重达45千克

树海筒
Dendrocystoides ①
海果类

棘棘鱼
Climatius ⑤
棘棘鱼类

莱尼蕨
Rhynia ④
线性植物
生命的历史中，最早的陆地植物之一。高约20厘米左右，生长在水边。

彼得普斯螈
Pederpes ⑧
两栖类
史上最早出现的陆上脊椎动物

古拟蛛虫
Palaeocharinus ④
蜘蛛类

翼肢鲎
Pterygotus ⑤
板足鲎类

熨斗鲨
Akmonistion ⑦
板鳃类

寒武纪（约4亿8500万年前～）　志留纪（约4亿4400万年前～）　泥盆纪（约4亿1900万年前～）　石炭纪（约3亿5900万年前～）　二叠纪（约2亿9900万年前～）　侏罗纪（约2亿100万年前～）　白垩纪（约1亿4500万年前～）　古近纪（约6600万年前～）　新近纪（约2300万年前～）　第四纪（约258万年前～）

①② ③④⑤ ⑥⑦⑧ ⑨ ⑩⑪⑫⑬ ⑬ ⑬ ⑭⑮⑯ ⑰⑱

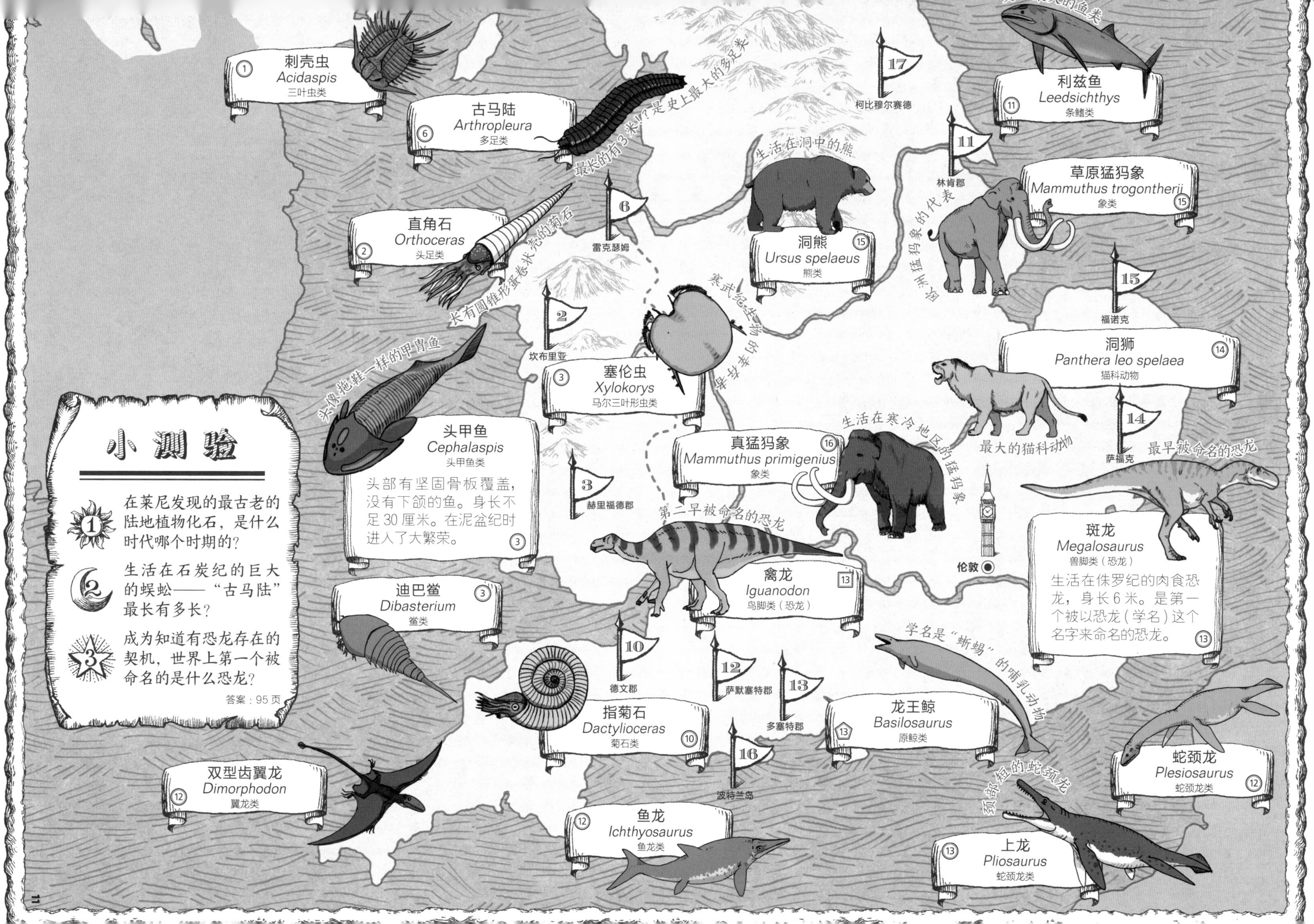

利兹鱼 Leedsichthys 菜鳍类 ⑪

草原猛犸象 Mammuthus trogontherii 象类 ⑮

洞狮 Panthera leo spelaea 猫科动物 ⑭
最大的猫科动物

斑龙 Megalosaurus 兽脚类（恐龙） ⑬
生活在侏罗纪的肉食恐龙，身长6米，是第一个被以恐龙（学名）这个名字来命名的恐龙。
最早被命名的恐龙

蛇颈龙 Plesiosaurus 蛇颈龙类 ⑫

上龙 Pliosaurus 蛇颈龙类 ⑬

龙王鲸 Basilosaurus 原鲸类 ⑬
学名是"蜥蜴"的哺乳动物

洞熊 Ursus spelaeus 熊类 ⑮
生活（在洞）中的熊。

禽龙 Iguanodon 鸟脚类（恐龙） ⑬
第二早被命名的恐龙

真猛犸象 Mammuthus primigenius 象类 ⑯
生活在寒冷地区的猛犸象

塞伦虫 Xylokorys 马尔三叶形虫类 ③

鱼龙 Ichthyosaurus 鱼龙类 ⑫

菊石 Dactylioceras 菊石类 ⑩

古马陆 Arthropleura 多足类 ⑥

直角石 Orthoceras 头足类 ②

头甲鱼 Cephalaspis 头甲鱼类 ③
头部有坚固骨板覆盖，没有下颌的鱼。身长不足30厘米，在泥盆纪时进入了大繁荣。

迪巴兽 Dibasterium 鲎类 ③

刺壳虫 Acidaspis 三叶虫类 ①

双型齿翼龙 Dimorphodon 翼龙类 ⑫

伦敦

福诺克 ⑭ 萨福克 林肯郡 柯比摩尔赛尔德 ⑰ ⑪
雷克瑟姆 ⑧ 坎布里亚 ② ③ 赫里福德郡 德文郡 ⑩
萨默塞特郡 ⑫ 多塞特郡 ⑬ 波里兰岛 ⑯

小测验

1. 在莱尼发现的最古老的陆地植物化石，是什么时代哪个时期的?

2. 生活在石炭纪的巨大的蜈蚣——"古马陆"的身长有多长?

3. 成为灭绝契机，世界上第一个被命名的是什么恐龙?

答案：95页

11

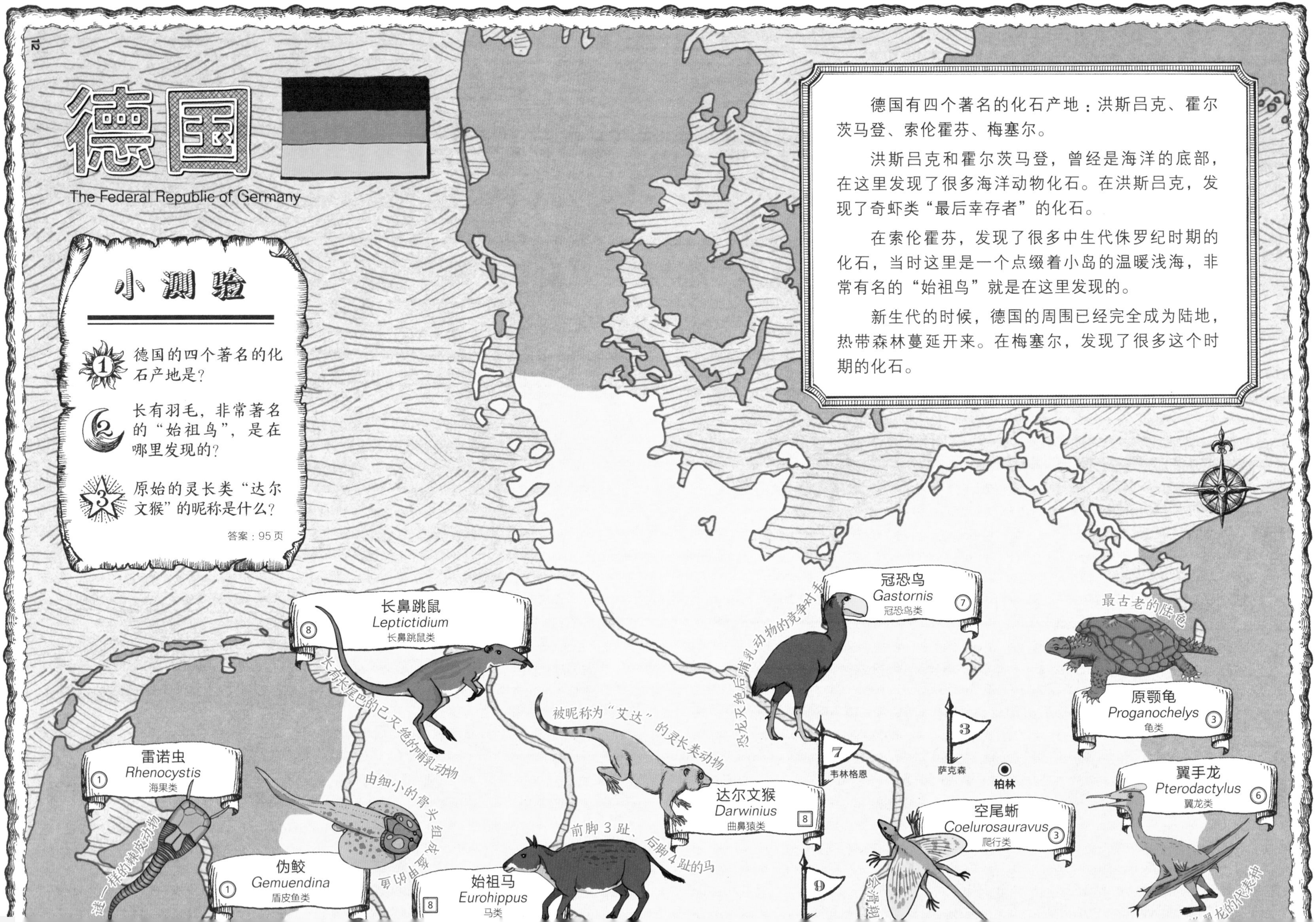

德国
The Federal Republic of Germany

德国有四个著名的化石产地：洪斯吕克、霍尔茨马登、索伦霍芬、梅塞尔。

洪斯吕克和霍尔茨马登，曾经是海洋的底部。在这里发现了很多海洋动物化石。在洪斯吕克，发现了奇虾类"最后幸存者"的化石。

在索伦霍芬，发现了很多中生代侏罗纪时期的化石，当时这里是一个点缀着温暖浅海、非常有名的"始祖鸟"就是在这里发现的。

新生代的时候，德国的周围已经完全成为陆地，发现了很多这个时期的化石。在梅塞尔，热带雨林蔓延开来。

测验

1 德国的四个著名的化石产地是？

2 长有羽毛、非常著名的"始祖鸟"，是在哪里发现的？

3 原始的灵长类"达尔文猴"的昵称是什么？

答案：95页

原颌龟 *Proganochelys* ③ 龟类 最古老的陆龟

翼手龙 *Pterodactylus* ⑥ 翼龙类

空尾蜥 *Coelurosauravus* ③ 爬行类 滑翔

柏林

萨克森

冠恐鸟 *Gastornis* ⑦ 冠恐鸟类

达尔文猴 *Darwinius* ⑧ 曲鼻猴类 被昵称为"艾达"的灵长类动物

长鼻跳鼠 *Leptictidium* ⑧ 长鼻跳鼠类

始祖马 *Eurohippus* ⑧ 马类 前脚3趾，后脚4趾的马

由细小的骨头组成的

伪鲛 *Gemuendina* ① 盾皮鱼类

雷诺虫 *Rhenocystis* ① 海果类

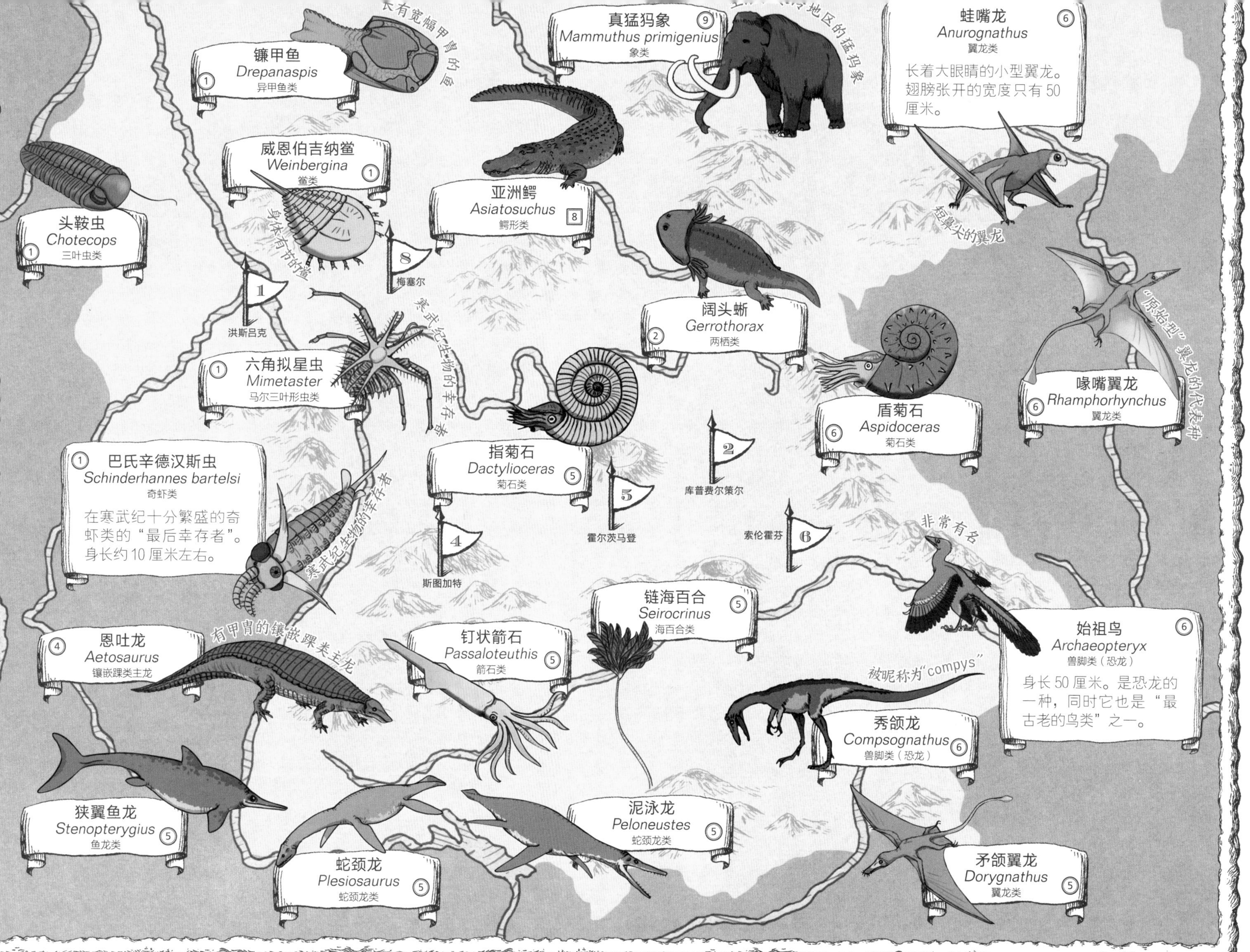
蛙嘴龙
Anurognathus
翼龙类
长着大眼睛的小型翼龙。翅膀张开的宽度只有 50 厘米。
短鼻头的翼龙
真猛犸象
Mammuthus primigenius
象类
镰甲鱼
Drepanaspis
异甲鱼类
头鞍虫
Chotecops
三叶虫类
威恩伯吉纳鲎
Weinbergina
鲎类
身体有节的鲎
亚洲鳄
Asiatosuchus
鳄形类
阔头蜥
Gerrothorax
两栖类
"原始型"翼龙的代表种
喙嘴翼龙
Rhamphorhynchus
翼龙类
盾菊石
Aspidoceras
菊石类
六角拟星虫
Mimetaster
马尔三叶形虫类
寒武纪生物的幸存者
指菊石
Dactylioceras
菊石类
巴氏辛德汉斯虫
Schinderhannes bartelsi
奇虾类
在寒武纪十分繁盛的奇虾类的"最后幸存者"。身长约 10 厘米左右。
洪斯吕克
梅塞尔
斯图加特
霍尔茨马登
库普费尔策尔
索伦霍芬
非常有名
始祖鸟
Archaeopteryx
兽脚类（恐龙）
身长 50 厘米。是恐龙的一种，同时它也是"最古老的鸟类"之一。
恩吐龙
Aetosaurus
镶嵌踝类主龙
有甲胄的镶嵌踝类主龙
钉状箭石
Passaloteuthis
箭石类
链海百合
Seirocrinus
海百合类
被昵称为"compys"
秀颌龙
Compsognathus
兽脚类（恐龙）
狭翼鱼龙
Stenopterygius
鱼龙类
蛇颈龙
Plesiosaurus
蛇颈龙类
泥泳龙
Peloneustes
蛇颈龙类
矛颌翼龙
Dorygnathus
翼龙类
志留纪（约 4 亿 4400 万年前～）
泥盆纪（约 4 亿 1900 万年前～）
石炭纪（约 3 亿 5900 万年前～）
二叠纪（约 2 亿 9900 万年前～）
三叠纪（约 2 亿 5200 万年前～）
侏罗纪（约 2 亿 100 万年前～）
白垩纪（约 1 亿 4500 万年前～）
古近纪（约 6600 万年前～）
新近纪（约 2300 万年前）
第四纪（约 258 万年前）
在同一地方发现的化石的编号是相同的，用○、□表示这个生物生活的时代不同

波兰

The Republic of Poland

现在的波兰，低海拔的平原和台地遍布全国。但是，在古生代，这里的大部分地区是海底，像首都华沙那样位于内陆的地区，也能发现当时的海洋动物的化石。

中生代开始的三叠纪时，与其他地区一样，波兰也是超级大陆"盘古大陆"的一部分。不过，由于波兰位于特提斯海附近，所以这里分布着丰富的内陆地区是分布着大面积沙漠的荒野。

在今天波兰南部，发现了那个时代在地球上繁盛的、相当于鳄鱼祖先的镶嵌踝类主龙和相当于恐龙祖先的恐形类的化石和相当于恐龙祖先的恐形类的化石。

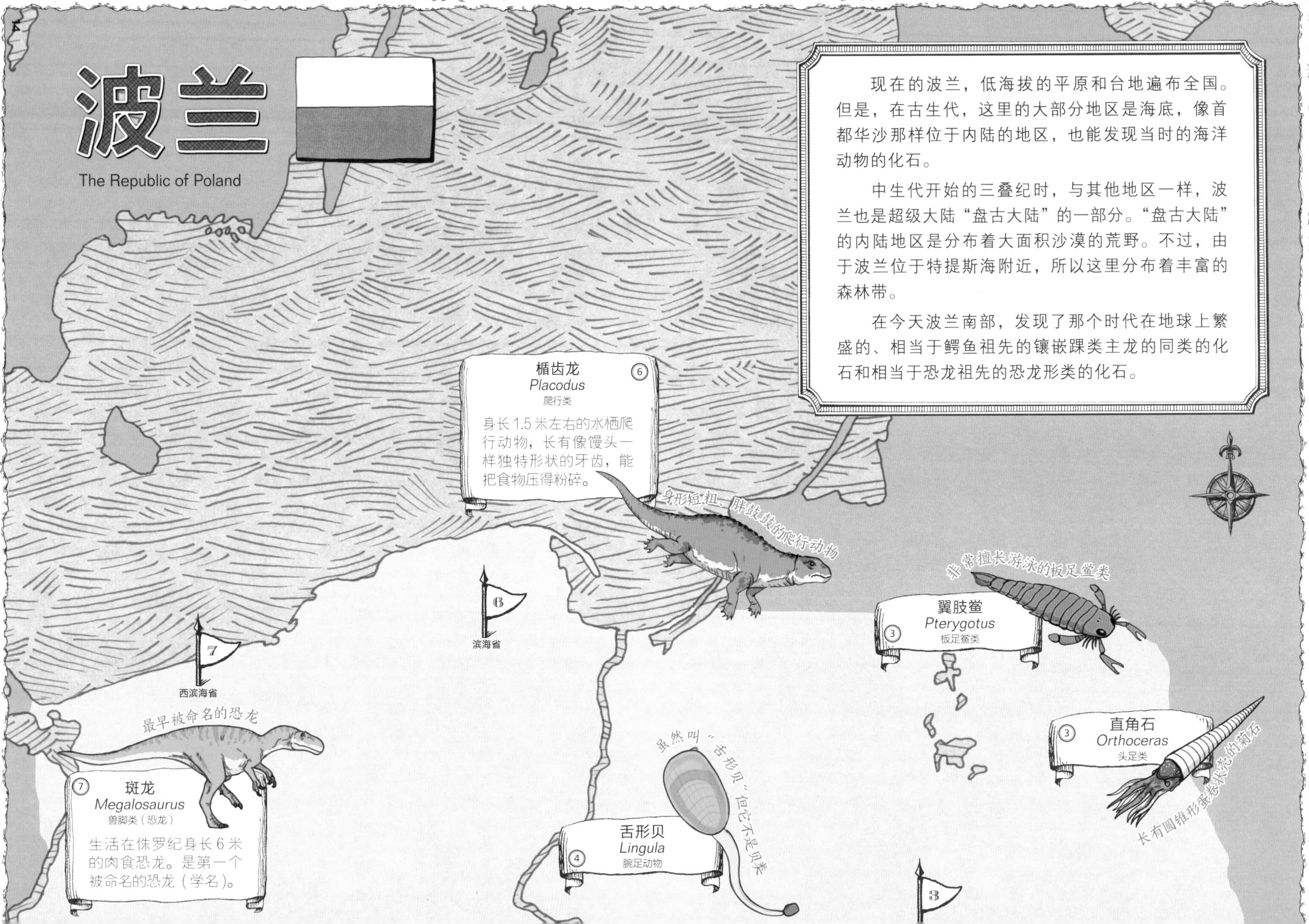

③ 翼肢鲎 *Pterygotus*
板足鲎类
常擅长游泳的板足鲎类

③ 直角石 *Orthoceras*
头足类
长有圆锥形的壳

④ 舌形贝 *Lingula*
腕足动物
俗称叫"古形贝"但它不是贝类

滨海省

⑥ 楯齿龙 *Placodus*
爬行类
身长 1.5 米左右的水栖爬行动物，长有像馒头一样独特形状的牙齿，能把食物压得粉碎。
身形短粗、胖鼓鼓的爬行动物

⑦ 斑龙 *Megalosaurus*
兽脚类（恐龙）
生活在侏罗纪身长 6 米的肉食恐龙，是第一个被命名的恐龙（学名）。
最早被命名的恐龙

西滨海省

14

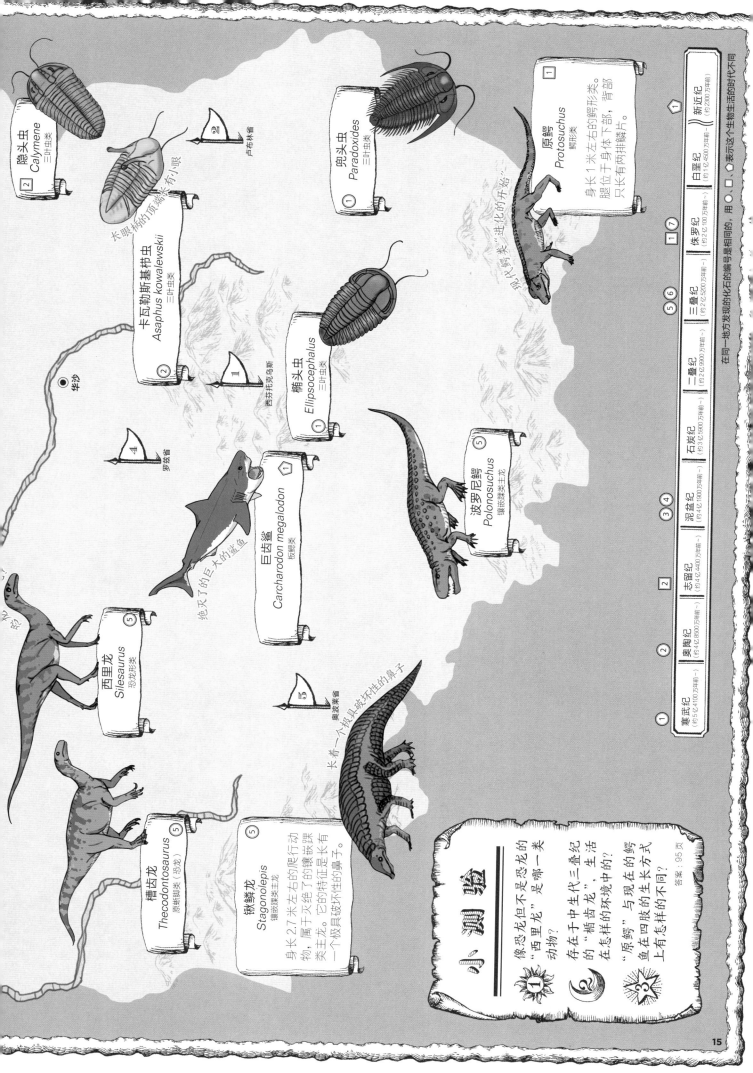

② 隐头虫
Calymene
三叶虫类

长眼柄的顶端长米有小眼

卡瓦勒斯基柿虫
Asaphus kowalewskii
三叶虫类

① 兜头虫
Paradoxides
三叶虫类

① 原鳄
Protosuchus
鳄形类

身长 1 米左右的鳄形类。
腿位于身体下部，背部
只长有两列排鳞片。

椭头虫
Ellipsocephalus
三叶虫类

卢布林省

西芬托克乌斯

华沙

罗兹省

巨齿鲨
Carcharodon megalodon
板鳃类

绝灭了的巨大的鲨鱼

⑤ 波罗尼鳄
Polonosuchus
镶嵌踝类主龙

现代鳄鱼的"进化的开始"

⑤ 西里龙
Silesaurus
恐龙形类

长着一个极具破坏性的鼻子

奥波莱省

⑤ 槽齿龙
Thecodontosaurus
原蜥脚类（恐龙）

⑤ 铁鳞龙
Stagonolepis
镶嵌踝类主龙

身长 2.7 米左右的爬行动
物，属于灭绝了的镶嵌踝
类主龙。它的特征是长有
一个极具破坏性的鼻子。

小测验

① 像恐龙但不是恐龙的
"西里龙"是哪一类
动物？

② 存在于中生代三叠纪
的"槽齿龙"，生活
在怎样的环境中的？

③ "原鳄"与现在的鳄
鱼在四肢的生长方式
上有怎样的不同？

答案：95 页

寒武纪 (约5亿4100万年前～)	奥陶纪 (约4亿8500万年前～)	志留纪 (约4亿4400万年前～)	泥盆纪 (约4亿1900万年前～)	石炭纪 (约3亿5900万年前～)	二叠纪 (约2亿9900万年前～)	三叠纪 (约2亿5200万年前～)	侏罗纪 (约2亿100万年前～)	白垩纪 (约1亿4500万年前～)	新近纪 (约2300万年前～)
①	②	③④		⑤⑥			⑦		

在同一地方发现的化石的时代是相同的，用■、○、□、△表示这个生物生活的时代不同

15

捷克
The Czech Republic

舌形贝
Lingula
腕足动物 ②

虽然叫"舌形贝"，但它不是贝类

外扩角石
Eutrephoceras
鹦鹉螺类 ⑪

⑪ 乌波富拉维

什么都吃

完齿兽
Entelodon
鲸偶蹄类 ⑬

已灭绝的肉食哺乳类的代表种

鬣齿兽
Hyaenodon
肉齿类 ⑬

⑬ 吉他尼

始壳虫
Primaspis
三叶虫类 ②

布拉格 ◉

树形海果
Dendrocystites
海果类 ②

海星的同类

虽然形状奇特，却是海星

钵海百合
Scyphocrinites
海百合类 ③

像植物一样的钵海

脚掌比较长的剑齿虎

似剑齿虎
Homotherium
猫科动物

⑥ 尼尔贾尼

大胖汉的三叶虫!?

射线壳虫
Actinopeltis
三叶虫类 ②

④ 科科约福

① 比尔施泰恩　② 贝龙　15 卡尔斯泰因

椭头虫
Ellipsocephalus
三叶虫类 ①

寒武纪生物的幸存者

尾叉虫
Furca
马尔三叶形虫类 ②

5 佩波赫瓦罗塔

满身是刺的三叶虫

棘尾虫
Acanthopyge
三叶虫类 ⑤

小鲵螈
Microbrachis
两栖类 ⑥

大尾虫
Eccaparadoxides
三叶虫类 ①

蜷曲的菊石类

长有弧形颊刺和很粗的长刺的三叶虫

双角虫
Dicranurus
三叶虫类 ⑤

射壳虫
Radiaspis
三叶虫类 ④

埃尔本菊石
Erbenoceras
菊石类 ⑤

是之后出现的菊石类祖先的近缘动物，它的特征是壳的卷曲程度比较宽松。壳的直径15厘米左右。

寒武纪
(约5亿4100 ①

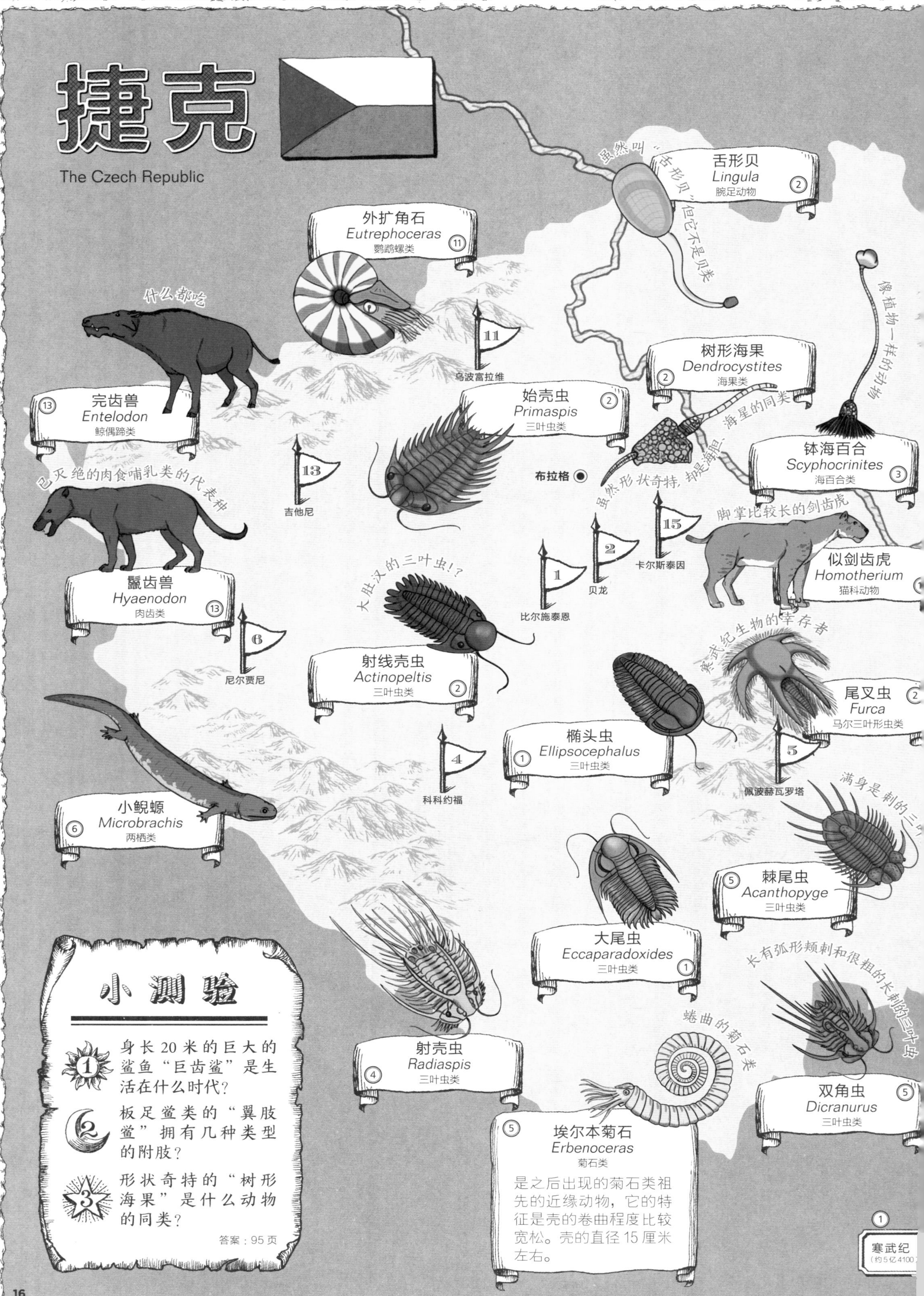

小测验

1 身长20米的巨大的鲨鱼"巨齿鲨"是生活在什么时代?

2 板足鲎类的"翼肢鲎"拥有几种类型的附肢?

3 形状奇特的"树形海果"是什么动物的同类?

答案：95页

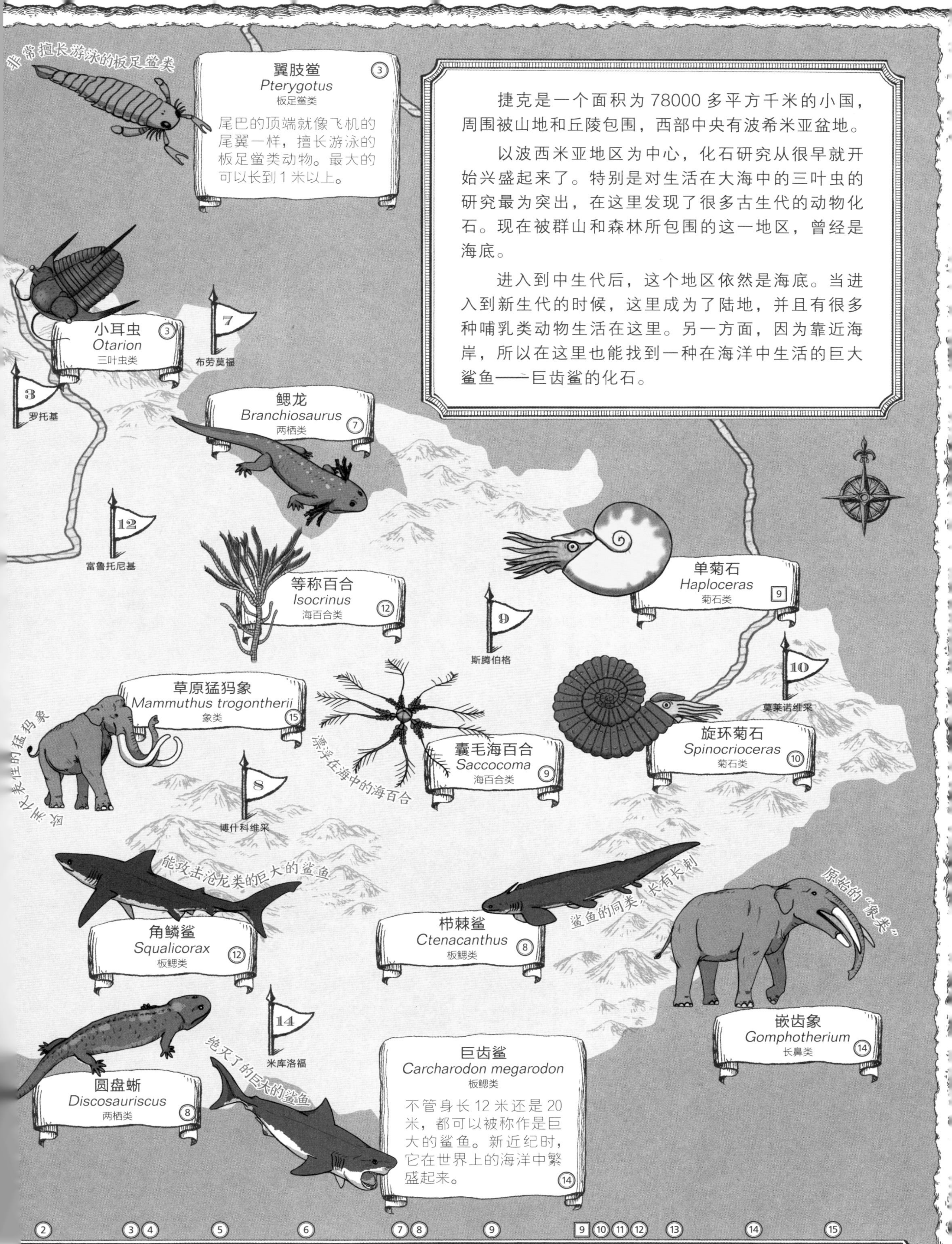

翼肢鲎 (3)
Pterygotus
板足鲎类

尾巴的顶端就像飞机的尾翼一样，擅长游泳的板足鲎类动物。最大的可以长到1米以上。

捷克是一个面积为78000多平方千米的小国，周围被山地和丘陵包围，西部中央有波希米亚盆地。

以波西米亚地区为中心，化石研究从很早就开始兴盛起来了。特别是对生活在大海中的三叶虫的研究最为突出，在这里发现了很多古生代的动物化石。现在被群山和森林所包围的这一地区，曾经是海底。

进入到中生代后，这个地区依然是海底。当进入到新生代的时候，这里成为了陆地，并且有很多种哺乳类动物生活在这里。另一方面，因为靠近海岸，所以在这里也能找到一种在海洋中生活的巨大鲨鱼——巨齿鲨的化石。

小耳虫 (3)
Otarion
三叶虫类

7 布劳莫福

3 罗托基

12 富鲁托尼基

鳃龙 (7)
Branchiosaurus
两栖类

等称百合 (12)
Isocrinus
海百合类

单菊石 (9)
Haploceras
菊石类

9 斯腾伯格

10 莫莱诺维采

草原猛犸象 (15)
Mammuthus trogontherii
象类

囊毛海百合 (9)
Saccocoma
海百合类
漂浮在海中的海百合

旋环菊石 (10)
Spinocrioceras
菊石类

浑身长满毛的猛犸象

8 博什科维采

能攻击沧龙类的巨大的鲨鱼

角鳞鲨 (12)
Squalicorax
板鳃类

栉棘鲨 (8)
Ctenacanthus
板鳃类

鲨鱼的同类，长有长刺

原始的"象类"

嵌齿象 (14)
Gomphotherium
长鼻类

圆盘蜥 (8)
Discosauriscus
两栖类

14 米库洛福

绝灭了的巨大的鲨鱼

巨齿鲨 (14)
Carcharodon megarodon
板鳃类

不管身长12米还是20米，都可以被称作是巨大的鲨鱼。新近纪时，它在世界上的海洋中繁盛起来。

2	3 4	5	6	7 8	9	9 10 11 12	13	14	15
奥陶纪（约4亿8500万年前~）	志留纪（约4亿4400万年前~）	泥盆纪（约4亿1900万年前~）	石炭纪（约3亿5900万年前~）	二叠纪（约2亿9900万年前~）	侏罗纪（约2亿100万年前~）	白垩纪（约1亿4500万年前~）	古近纪（约6600万年前~）	新近纪（约2300万年前~）	第四纪（约258万年前~）

在同一地方发现的化石的编号是相同的，用○、□表示这个生物生活的时代不同

① 狄更逊水母
Dickinsonia
埃迪卡拉生物

不知是动物还是植物的神秘生物。身体左右平分，两侧分布着内部中空的体节。大小为80厘米左右。

像空气垫子一样的神秘生物

⑤ 鳍甲鱼
Pteraspis
无颌鱼类

长着尖尖"鼻尖儿"的鱼

7
基辅

⑤ 乌克兰异甲鱼
Ukrainaspis
无颌鱼类

小华宝虫
Warburgella
三叶虫类 ⑤

② 凯萨利阿虫
Kaisalia
埃迪卡拉生物

最早的陆地植物

5
卡缅涅茨
－波多利斯基

1
波多利亚

2
文尼察州

图尔布京 4

顶囊蕨
Cooksonia
线性植物 ④

① 内米阿纳虫
Nemiana
埃迪卡拉生物

大小为几厘米的圆形生物。在很多情况下，是聚集在一起的。

花鳞鱼
Thelodus
无颌鱼类 ⑤

像很多硬币一样的生物！！

乌克兰

Ukraine

现在的乌克兰，南部与黑海相邻，在黑海周围是大面积的低地。

沿着位于西部，由于德涅斯特河的冲刷而形式的河谷，可以发现前寒武纪地质时代埃迪卡拉纪神秘生物的化石。其中狄更逊水母的化石，在澳大利亚和俄罗斯也有发现，是当时的代表性物种之一。

现在乌克兰的西部是比东部高的高地，不过，古生代时，这一地区是海底。因此，在这里发现了很多海洋动物的化石。

新生代时，与现在一样的陆地已经形成，以敖德萨和克里米亚为主的南部地区形成洼地，在这里发现了一些陆生哺乳类动物的化石。

敖德萨 8

最大的剑齿虎

⑧ 短剑剑齿虎
Machairodus
猫科动物

獠牙向下弯曲的

⑧ 恐象
Deinotherium
长鼻类

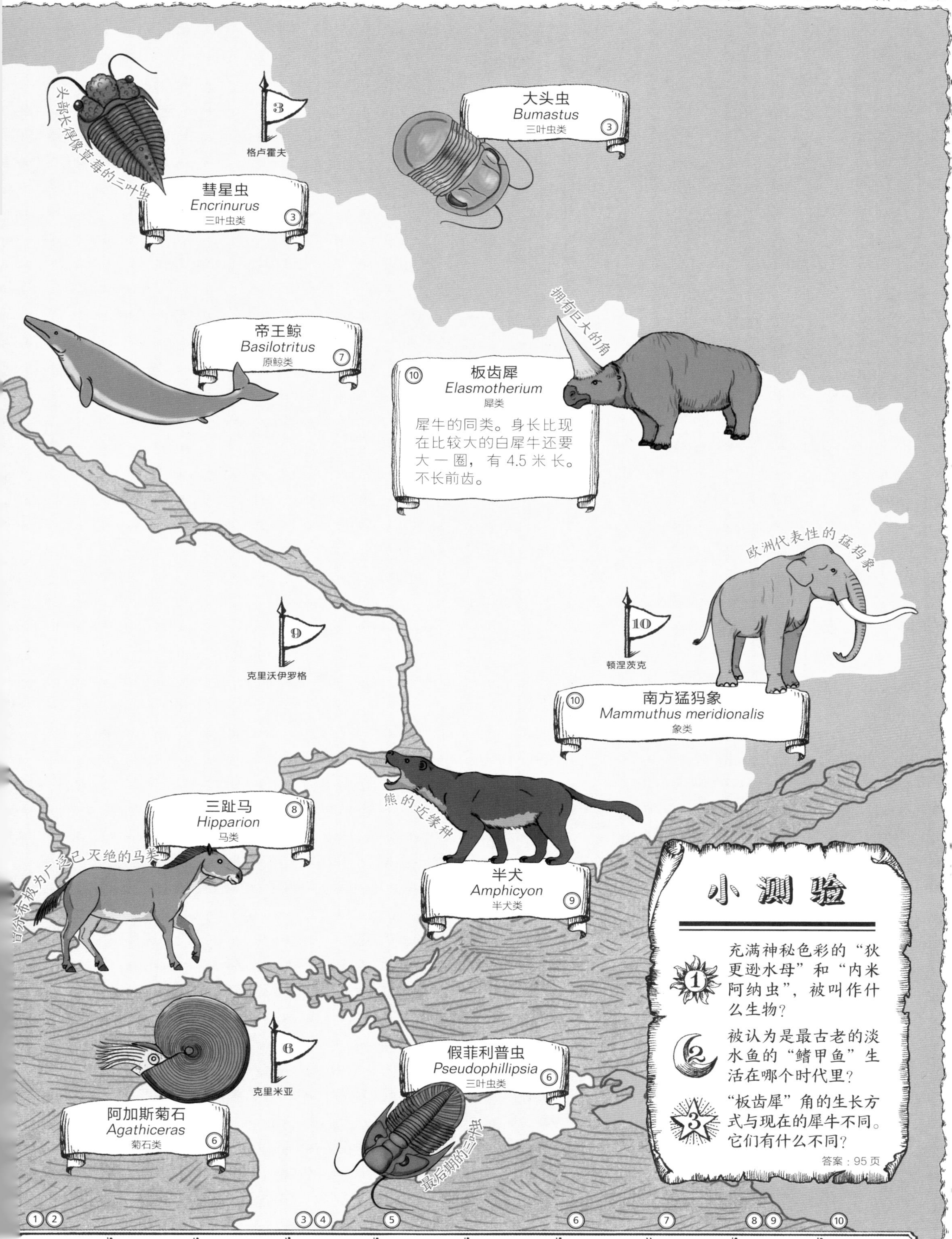

彗星虫
Encrinurus
三叶虫类 ③

大头虫
Bumastus
三叶虫类 ③

米粒长得像草莓的三叶虫

格卢霍夫 ③

帝王鲸
Basilotritus
原鲸类 ⑦

板齿犀
Elasmotherium
犀类 ⑩

犀牛的同类。身长比现在比较大的白犀牛还要大一圈，有4.5米长。不长前齿。

拥有巨大的角

欧洲代表性的猛犸象

克里沃伊罗格 ⑨

顿涅茨克 ⑩

南方猛犸象
Mammuthus meridionalis
象类 ⑩

三趾马
Hipparion
马类 ⑧

熊的近缘种

半犬
Amphicyon
半犬类 ⑨

首张帝报为广泛已灭绝的马类

阿加斯菊石
Agathiceras
菊石类 ⑥

克里米亚 ⑥

假菲利普虫
Pseudophillipsia
三叶虫类 ⑥

最后期的三叶虫类

小测验

① 充满神秘色彩的"狄更逊水母"和"内米阿纳虫"，被叫作什么生物？

② 被认为是最古老的淡水鱼的"鳍甲鱼"生活在哪个时代里？

③ "板齿犀"角的生长方式与现在的犀牛不同。它们有什么不同？

答案：95页

① ②	③ ④	⑤	⑥	⑦	⑧ ⑨	⑩
埃迪卡拉纪 (约6亿3500万年前~)	寒武纪 (约5亿4100万年前~)	奥陶纪 (约4亿8500万年前~)	志留纪 (约4亿4400万年前~)	泥盆纪 (约4亿1900万年前~)	石炭纪 (约3亿5900万年前~)	二叠纪 (约2亿9900万年前~)	古近纪 (约6600万年前~)	新近纪 (约2300万年前~)	第四纪 (约258万年前~)

现在的罗马尼亚境内，有两条大的山脉：一条是位于中部呈南北走向的喀尔巴阡山脉；另一条是位于喀尔巴阡山脉的南部，呈东西走向的南喀尔巴阡山脉。

罗马尼亚的化石发掘，主要集中在南喀尔巴阡山脉及其周围地区。特别是山脉的西部，从那里发现了很多中生代白垩纪的恐龙化石。

需要说明一下，在这些恐龙生活的时代里，南喀尔巴阡山脉和喀尔巴阡山脉都还没有形成。

最早被命名的恐龙

③ 斑龙
Megalosaurus
兽脚类（恐龙）

③ 比霍尔县

① 近爪牙龙
Paronychodon
兽脚类（恐龙）

第二早被命名的恐龙

③ 禽龙
Iguanodon
鸟脚类（恐龙）

4 兰格卢姆

1 胡内多阿拉县

① 巴拉乌尔龙
Balaur
兽脚类（恐龙）

① 沼泽巨龙
Paludititan
蜥脚类（恐龙）

① 查摩西斯龙
Zalmoxes
鸟脚类（恐龙）

④ 欧拉翼龙
Eurazhdarcho
翼龙类

① 奥洛达波鳄
Allodaposuchus
鳄形类

巨大的翼龙，两翼张开有12米

① 哈特兹哥翼龙
Hatzegopteryx
翼龙类

翼展宽12米，被认为是最大的翼龙。但是，它全身的骨骼化石并不完整。

①②③④   ③⑤

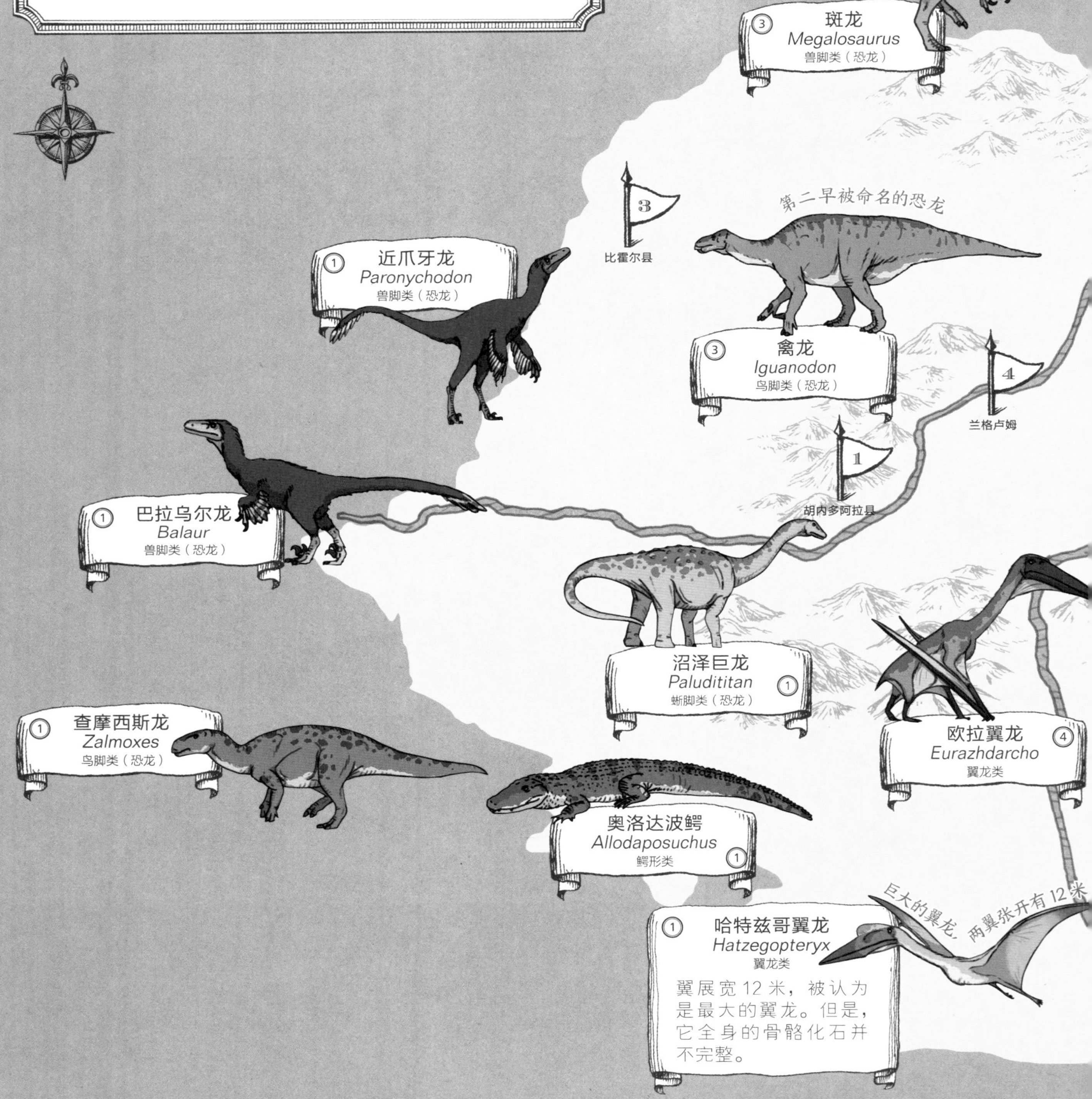

志留纪	泥盆纪	石炭纪	二叠纪	三叠纪	侏罗纪	白垩纪	古近纪	新近纪	第四纪
（约4亿4400万年前～）	（约4亿1900万年前～）	（约3亿5900万年前～）	（约2亿9900万年前～）	（约2亿5200万年前～）	（约2亿100万年前～）	（约1亿4500万年前～）	（约6600万年前～）	（约2300万年前～）	（约258万年前～）

在同一地方发现的化石的编号是相同的，用〇、□表示这个生物生活的时代不同

罗马尼亚

Romania

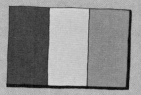

生活在洞穴中"最恐怖的哺乳动物"

洞熊 3
Ursus spelaeus
熊类

头和躯干共有2米长，是熊的同类。由于拥有巨大的身驱，在第四纪灭绝的哺乳类动物中，被列为"最恐怖的动物"之一。

厚甲龙 2
Struthiosaurus
甲龙类（恐龙）

凹齿龙 2
Rhabdodon
鸟脚类（恐龙）

2
辛佩托尔

马扎尔龙 2
Magyarosaurus
蜥脚类（恐龙）

5
瓦拉几亚

七镇鸟龙 2
Heptasteornis
兽脚类（恐龙）

● 布加勒斯特

欧洲代表性的猛犸象

南方猛犸象
Mammuthus meridionalis
象类

肩高3米，是猛犸象的同类。被认为是有名的真猛犸象的祖先。

5

小 测 验

 在第四纪灭绝的哺乳类动物中，被列为"最恐怖的动物"之一的动物是什么？

 最大的翼龙"哈特兹哥翼龙"，将翅膀展开后的宽度是多少？

 "巴拉乌尔龙"和"近爪牙龙"，这两种长有羽毛的恐龙是哪类动物的同类？

答案：95页

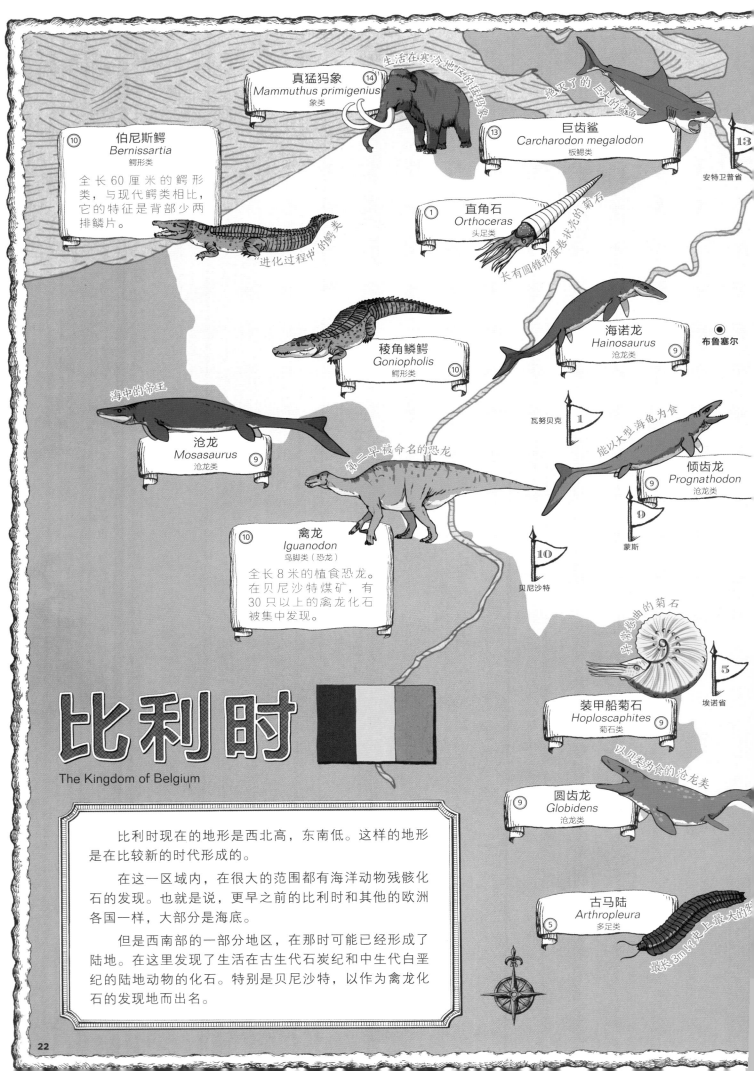

真猛犸象 **14**
Mammuthus primigenius
象类

生活在寒冷地区的猛犸象

巨齿鲨 **13**
Carcharodon megalodon
板鳃类

沧灭了的巨大的鲨鱼

安特卫普省

伯尼斯鳄 **10**
Bernissartia
鳄形类

全长60厘米的鳄形类，与现代鳄类相比，它的特征是背部少两排鳞片。

"进化过程中"的鳄类

直角石 **1**
Orthoceras
头足类

长有圆锥形蛋卷长壳的菊石

稜角鳞鳄 **10**
Goniopholis
鳄形类

海诺龙 **9**
Hainosaurus
沧龙类

布鲁塞尔

瓦努贝克 **1**

能以大型海龟为食

沧龙 **9**
Mosasaurus
沧龙类

海中的帝王

倾齿龙 **9**
Prognathodon
沧龙类

蒙斯 **9**

第二早被命名的恐龙

禽龙 **10**
Iguanodon
鸟脚类（恐龙）

全长8米的植食恐龙。在贝尼沙特煤矿，有30只以上的禽龙化石被集中发现。

贝尼沙特 **10**

呈弯曲的菊石

装甲船菊石 **9**
Hoploscaphites
菊石类

埃诺省 **5**

比利时

The Kingdom of Belgium

圆齿龙 **9**
Globidens
沧龙类

以贝类为食的沧龙类

古马陆 **5**
Arthropleura
多足类

最长3m历史上最大的

比利时现在的地形是西北高，东南低。这样的地形是在比较新的时代形成的。

在这一区域内，在很大的范围都有海洋动物残骸化石的发现。也就是说，更早之前的比利时和其他的欧洲各国一样，大部分是海底。

但是西南部的一部分地区，在那时可能已经形成了陆地。在这里发现了生活在古生代石炭纪和中生代白垩纪的陆地动物的化石。特别是贝尼沙特，以作为禽龙化石的发现地而出名。

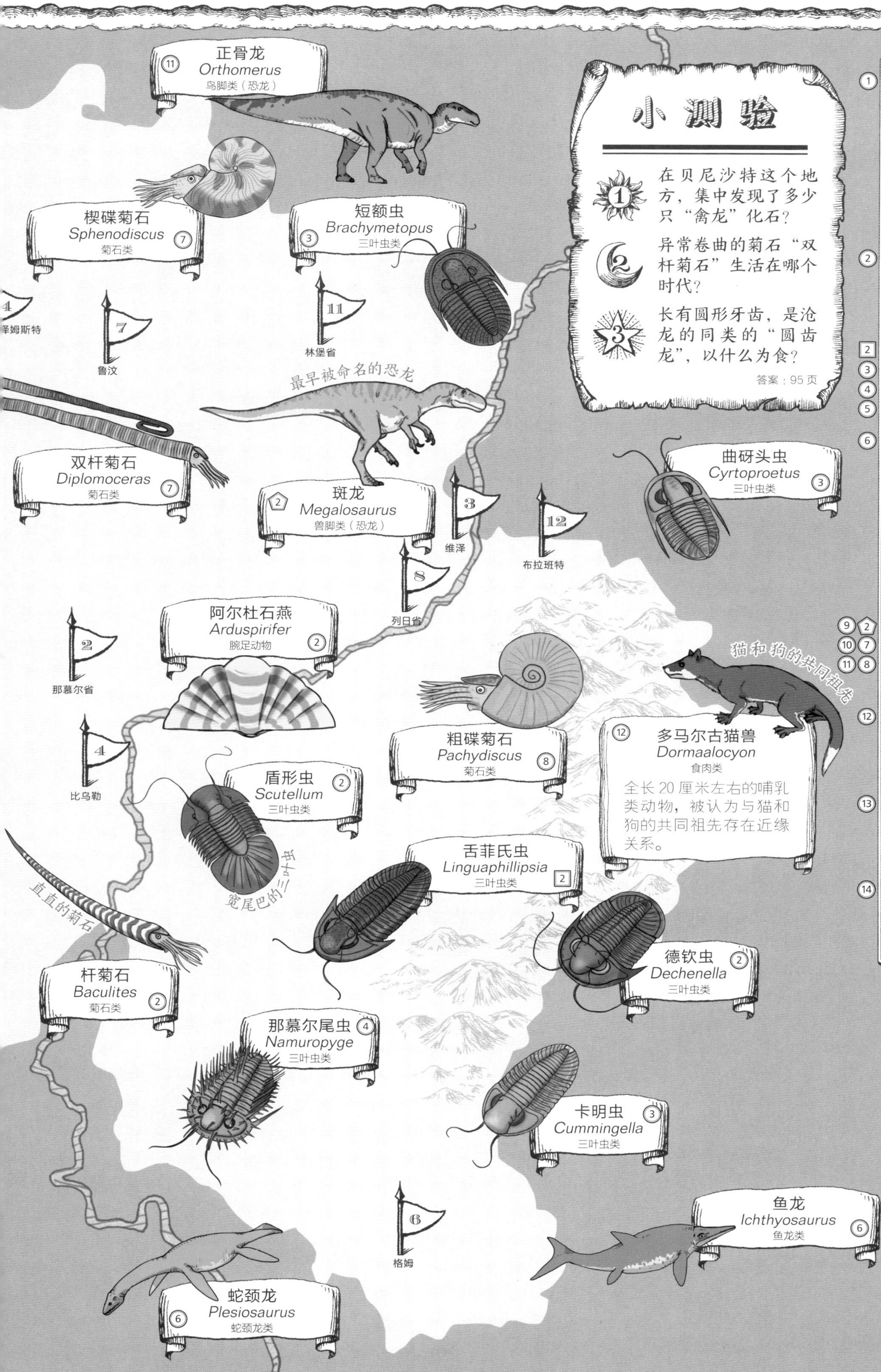

正骨龙
Orthomerus
鸟脚类（恐龙）
⑪

楔碟菊石
Sphenodiscus
菊石类
⑦

短额虫
Brachymetopus
三叶虫类
③

泽姆斯特
4

鲁汶
7

林堡省
11

最早被命名的恐龙

小测验

① 在贝尼沙特这个地方，集中发现了多少只"禽龙"化石？

② 异常卷曲的菊石"双杆菊石"生活在哪个时代？

③ 长有圆形牙齿，是沧龙的同类的"圆齿龙"，以什么为食？

答案：95 页

双杆菊石
Diplomoceras
菊石类
⑦

斑龙
②
Megalosaurus
兽脚类（恐龙）

维泽
3

布拉班特
12

曲砑头虫
Cyrtoproetus
三叶虫类
③

阿尔杜石燕
Arduspirifer
腕足动物
②

列日省
8

那慕尔省
2

比乌勒
4

盾形虫
Scutellum
三叶虫类
②

宽尾巴的三叶虫

直直的菊石

粗碟菊石
Pachydiscus
菊石类
⑧

猫和狗的共同祖先

多马尔古猫兽
⑫
Dormaalocyon
食肉类

全长 20 厘米左右的哺乳类动物，被认为与猫和狗的共同祖先存在近缘关系。

舌菲氏虫
Linguaphillipsia
三叶虫类
②

德钦虫
Dechenella
三叶虫类

杆菊石
Baculites
菊石类
②

那慕尔尾虫
④
Namuropyge
三叶虫类

卡明虫
Cummingella
三叶虫类
③

格姆
6

鱼龙
Ichthyosaurus
鱼龙类
⑥

蛇颈龙
Plesiosaurus
蛇颈龙类
⑥

在同一地方发现的化石的编号是相同的，用○、□、◇表示这个生物生活的时代不同

① 奥陶纪（约 4 亿 8800 万年前～）
志留纪（约 4 亿 4300 万年前～）
② 泥盆纪（约 4 亿 1900 万年前～）
石炭纪（约 3 亿 5900 万年前～）
② ③ ④ ⑤ ⑥
二叠纪（约 2 亿 9900 万年前～）
三叠纪（约 2 亿 5200 万年前～）
侏罗纪（约 2 亿 100 万年前～）
⑨ ②
⑩ ⑦
⑪ ⑧
白垩纪（约 1 亿 4500 万年前～）
⑫
古近纪（约 6600 万年前～）
⑬
新近纪（约 2300 万年前～）
⑭
第四纪（约 258 万年前～）

23

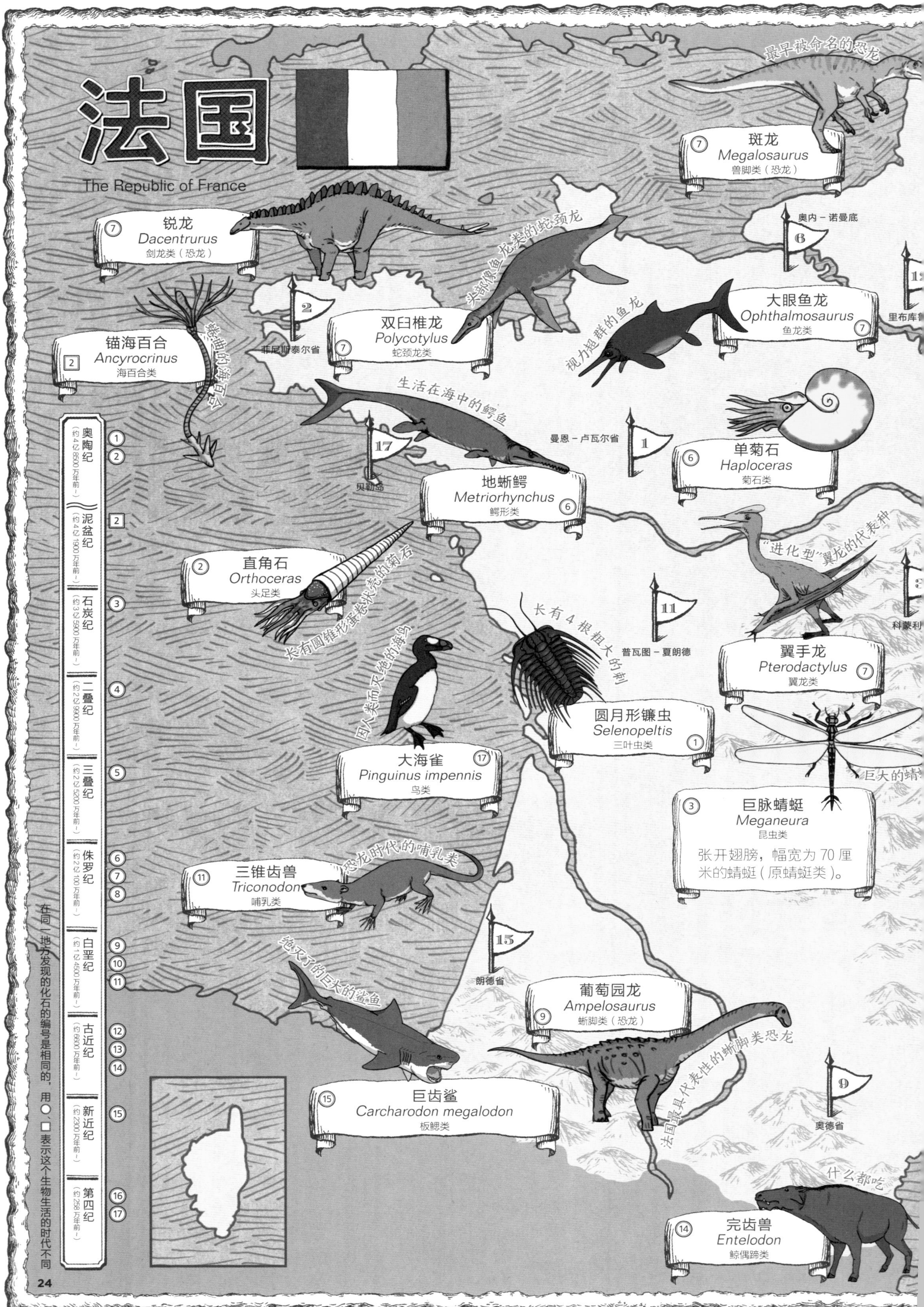

法国

The Republic of France

最早被命名的恐龙

⑦ 斑龙
Megalosaurus
兽脚类（恐龙）

⑦ 锐龙
Dacentrurus
剑龙类（恐龙）

头部像鱼龙类的蛇颈龙

奥内－诺曼底
6

② 锚海百合
Ancyrocrinus
海百合类

菲尼斯泰尔省 2

⑦ 双臼椎龙
Polycotylus
蛇颈龙类

视力超群的鱼龙

大眼鱼龙
Ophthalmosaurus
鱼龙类 ⑦

里布库

生活在海中的鳄鱼

17

曼恩－卢瓦尔省 1

⑥ 单菊石
Haploceras
菊石类

贝勒岛

地蜥鳄
Metriorhynchus
鳄形类 ⑥

② 直角石
Orthoceras
头足类

长有圆锥形壳

长有圆锥形壳类似无壳的菊石

"进化型"翼龙的代表种

11

普瓦图－夏朗德

翼手龙
Pterodactylus
翼龙类 ⑦

科蒙利

圆月形镰虫
Selenopeltis
三叶虫类 ①

长有4根粗大的刺

因人类而灭绝的海鸟

⑰ 大海雀
Pinguinus impennis
鸟类

巨大的蜻蜓

③ 巨脉蜻蜓
Meganeura
昆虫类

张开翅膀，幅宽为70厘米的蜻蜓（原蜻蜓类）。

恐龙时代的哺乳类

⑪ 三锥齿兽
Triconodon
哺乳类

15

朗德省

⑨ 葡萄园龙
Ampelosaurus
蜥脚类（恐龙）

绝灭了的巨大的鲨鱼

法国最具代表性的蜥脚类恐龙

奥德省 ⑨

⑮ 巨齿鲨
Carcharodon megalodon
板鳃类

什么都吃

⑭ 完齿兽
Entelodon
鲸偶蹄类

奥陶纪（约4亿8800万年前）1 2

泥盆纪（约4亿1900万年前）2

石炭纪（约3亿5900万年前）3

二叠纪（约2亿9900万年前）4

三叠纪（约2亿5200万年前）5

侏罗纪（约2亿100万年前）6 7 8

白垩纪（约1亿4500万年前）9 10 11

古近纪（约6600万年前）12 13 14

新近纪（约2300万年前）15

第四纪（约258万年前）16 17

在同一地方发现的化石的编号是相同的，用 ○ 和 □ 表示这个生物生活的时代不同

24

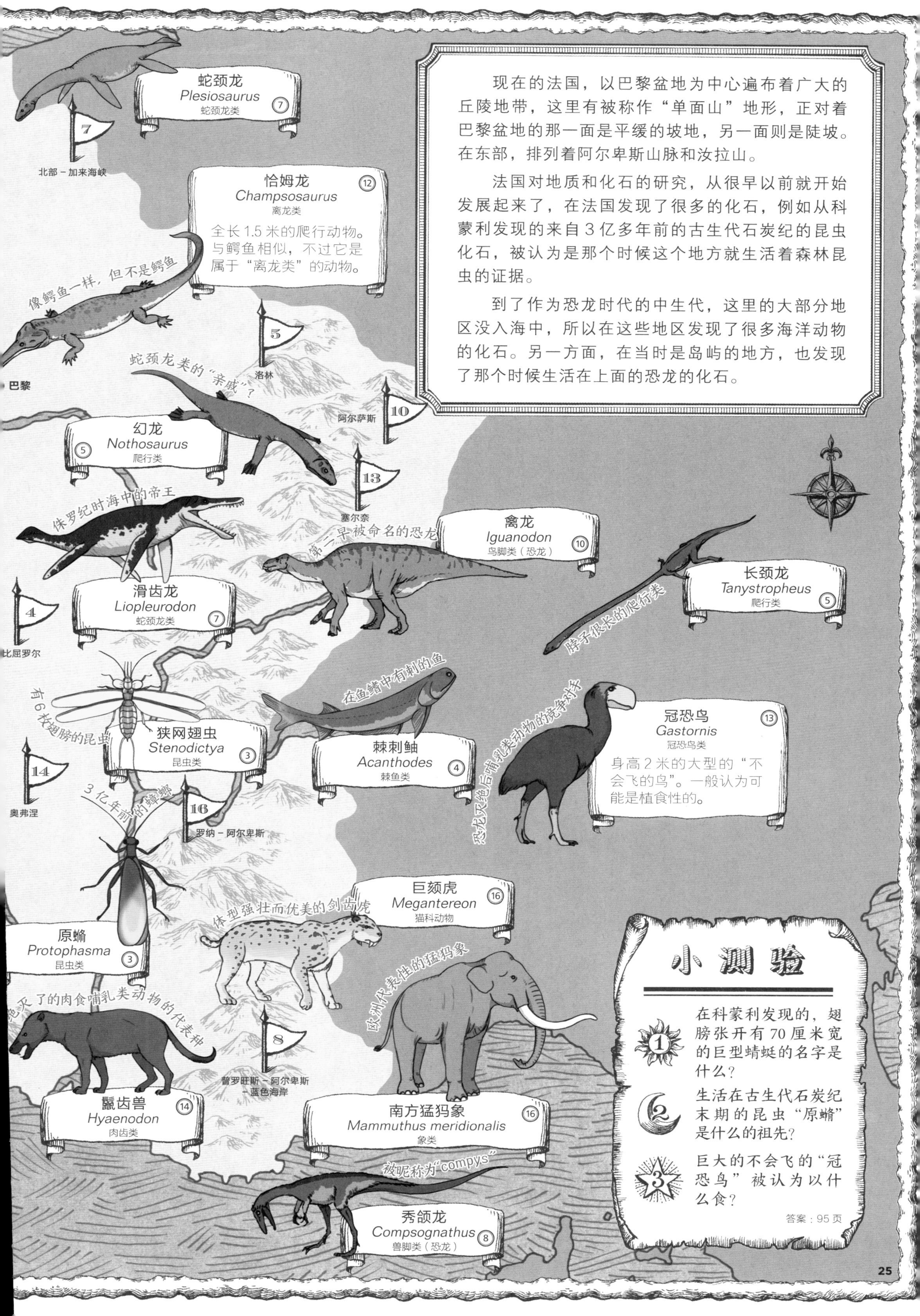

蛇颈龙
Plesiosaurus
蛇颈龙类 ⑦

北部-加来海峡

恰姆龙
Champsosaurus
离龙类 ⑫
全长 1.5 米的爬行动物。
与鳄鱼相似，不过它是
属于"离龙类"的动物。

像鳄鱼一样，但不是鳄鱼

巴黎

蛇颈龙类的"亲戚"？

洛林

阿尔萨斯

⑤

⑩

⑬

塞尔奈

现在的法国，以巴黎盆地为中心遍布着广大的丘陵地带，这里有被称作"单面山"地形，正对着巴黎盆地的那一面是平缓的坡地，另一面则是陡坡。在东部，排列着阿尔卑斯山脉和汝拉山。

法国对地质和化石的研究，从很早以前就开始发展起来了，在法国发现了很多的化石，例如从科蒙利发现的来自 3 亿多年前的古生代石炭纪的昆虫化石，被认为是那个时候这个地方就生活着森林昆虫的证据。

到了作为恐龙时代的中生代，这里的大部分地区没入海中，所以在这些地区发现了很多海洋动物的化石。另一方面，在当时是岛屿的地方，也发现了那个时候生活在上面的恐龙的化石。

幻龙
Nothosaurus
爬行类 ⑤

侏罗纪时海中的帝王

第二早被命名的恐龙

禽龙
Iguanodon
鸟脚类（恐龙）⑩

滑齿龙
Liopleurodon
蛇颈龙类 ⑦

④

比屈罗尔

长颈龙
Tanystropheus
爬行类 ⑤

脖子很长的爬行类

有 6 枚翅膀的昆虫

在鱼鳍中有刺的鱼

狭网翅虫
Stenodictya
昆虫类 ③

棘刺鲉
Acanthodes
棘鱼类 ④

冠恐鸟
Gastornis
冠恐鸟类 ⑬
身高 2 米的大型的"不会飞的鸟"。一般认为可能是植食性的。

恐龙灭绝后哺乳类动物的竞争对手

⑭

奥弗涅

3 亿年前的蟑螂

⑯

罗纳-阿尔卑斯

原蜢
Protophasma
昆虫类 ③

巨颏虎
Megantereon
猫科动物 ⑯

体型强壮而优美的剑齿虎

灭绝了的肉食哺乳类动物的代表种

鬣齿兽
Hyaenodon
肉齿类 ⑭

欧洲代表性的猛犸象

南方猛犸象
Mammuthus meridionalis
象类 ⑯

⑧

普罗旺斯-阿尔卑斯-蓝色海岸

小 测 验

① 在科蒙利发现的，翅膀张开有 70 厘米宽的巨型蜻蜓的名字是什么？

② 生活在古生代石炭纪末期的昆虫"原蜢"是什么的祖先？

③ 巨大的不会飞的"冠恐鸟"被认为以什么食？

答案：95 页

被昵称为"compys"

秀颌龙
Compsognathus
兽脚类（恐龙）⑧

意大利

The Republic of Italy

现在的意大利，由伸入地中海的亚平宁半岛和撒丁岛、西西里岛组成。亚平宁半岛北部，是阿尔卑斯山脉。

过去的地中海，并不是像现在一样被陆地包围着，而是一片东部敞开的规模巨大的古海洋"特提斯海"。亚平宁半岛的大部分地区，是特提斯海中几个岛屿之一。从新生代的第三纪中期开始到现在，两块大陆在端土附近开始相撞，地壳因此抬升，形成了阿尔卑斯山脉。

以前意大利端土之间的海底，现在已经成为了阿尔卑斯山脉的一部分。因此，在阿尔卑斯山脉发现了很多海洋动物的化石。

小测验

1 史上最大的鱼龙"秀尼鱼龙"全长有多少米？

2 "镰龙"和"巨爪蜥"在哪个方面存在比较大的不同？

3 "䗴海百合"的同类今天同样也在深海中生存着，它的同类是什么？

答案：95页

秀尼鱼龙 Shonisaurus ⑧ 鱼龙类
全长 21 米，是史上最大的鱼龙。拥有成年后牙齿消失的特征。

倾齿龙 Prognathodon ⑪ 沧龙类
最大的海龙类

楯齿龙 Placodus ⑦ 爬行类

草原猛犸象 Mammuthus trogontherii ⑭ 象类

幻龙 Nothosaurus ⑦ 爬行类
蛇颈龙类的"亲戚"？

盾形虫 Scutellum ③ 三叶虫类

深沟肋虫 Aulacopleura ③ 三叶虫类

纹鹦鹉螺 Liroceras ⑤ 鹦鹉螺类

石燕 Spirifer ③ 腕足动物

彗星虫 Encrinurus ③ 三叶虫类

棘尾虫 Acanthopyge ③ 三叶虫类

镰龙 Drepanosaurus ⑥ 爬行类
全长 40 厘米左右的爬行动物。尾巴的顶端呈钩状，因此被认为是在树上生活的。

巨爪蜥 Megalancosaurus ⑥ 爬行类

花冠菊石 Coroniceras ⑨ 菊石类

真双型齿翼龙 Eudimorphodon ⑥ 翼龙类
早期的翼龙。长有长长的尾巴。翅膀张开时幅宽约为 1 米。

尾末端有钩！

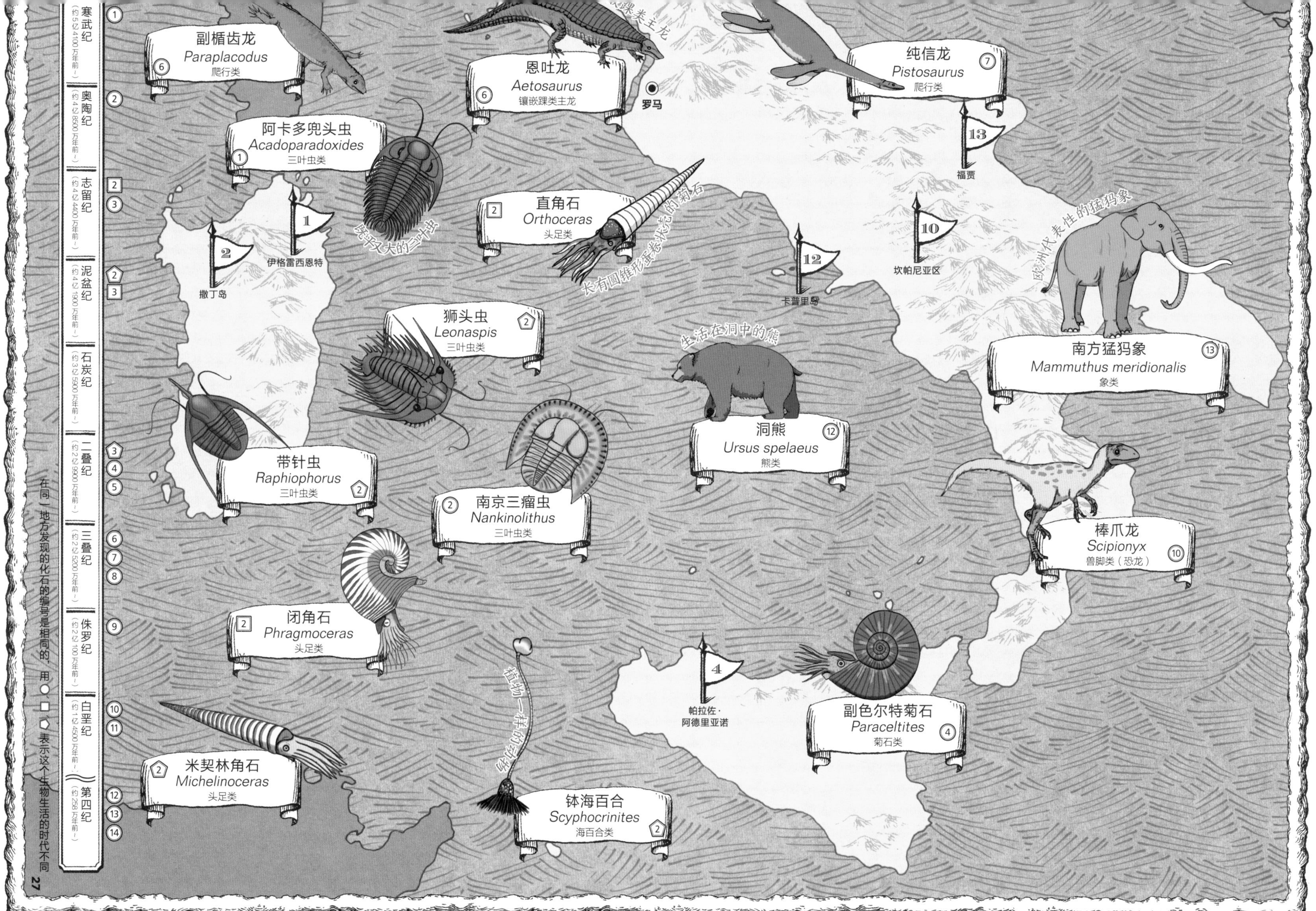

南方猛犸象 *Mammuthus meridionalis* 象类 ⑬

棒爪龙（恐龙）*Scipionyx* 兽脚类 ⑩

纯信龙 *Pistosaurus* 爬行类 ⑦

福贾 ⑬

坎帕尼亚区 ⑩

副色尔特菊石 *Paraceltites* 菊石类 ④

恩佐尼亚的猛犸象

卡普里岛 ⑫

洞熊 *Ursus spelaeus* 熊类 ⑫

生活在洞中的熊

帕拉佐·阿德里亚诺 ④

罗马

长得像乌贼但是壳很直的动物

恩吐龙 *Aetosaurus* 镶嵌踝类主龙 ⑥

直角石 *Orthoceras* 头足类

南京三瘤虫 *Nankinolithus* 三叶虫类 ②

钵海百合 *Scyphocrinites* 海百合类 ②

像植物一样的动物

狮头虫 *Leonaspis* 三叶虫类 ②

长得像虫子的动物

副楯齿龙 *Paraplacodus* 爬行类 ⑥

阿卡多兜头虫 *Acadoparadoxides* 三叶虫类 ①

伊格雷西恩特 ①

撒丁岛 ②

带针虫 *Raphiophorus* 三叶虫类 ②

闭角石 *Phragmoceras* 头足类 ②

米契林角石 *Michelinoceras* 头足类 ②

寒武纪	奥陶纪	志留纪	泥盆纪	石炭纪	二叠纪	三叠纪	侏罗纪	白垩纪	第四纪
（约5亿4100万年前～）	（约4亿8500万年前～）	（约4亿4400万年前～）	（约4亿1900万年前～）	（约3亿5900万年前～）	（约2亿9900万年前～）	（约2亿5200万年前～）	（约2亿100万年前～）	（约1亿4500万年前～）	（约258万年前～）

在同一地方发现的化石的编号是相同的，用 ● ■ ◆ 表示这个生物生活的年代不同

瑞士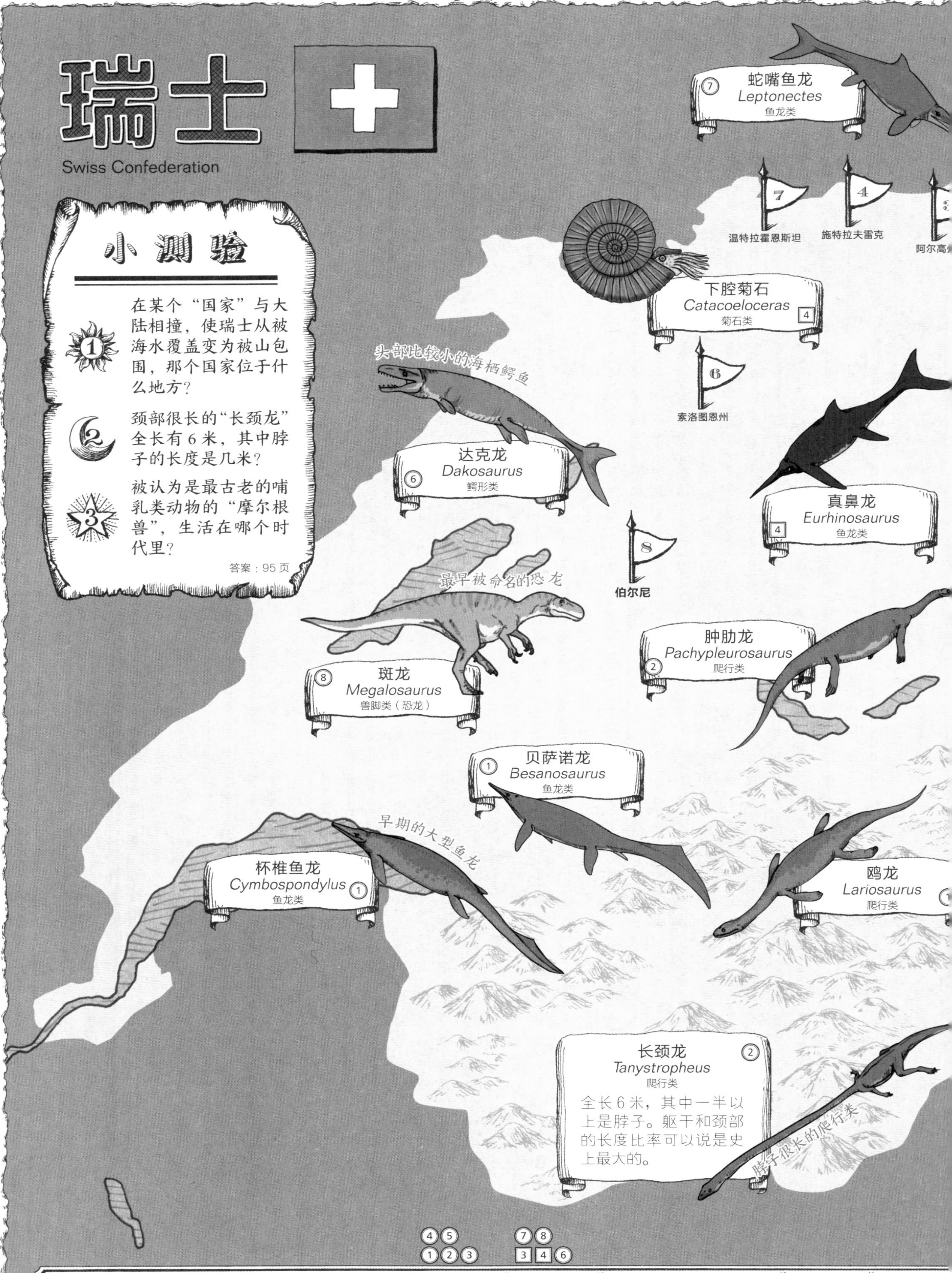

Swiss Confederation

小测验

1. 在某个"国家"与大陆相撞，使瑞士从被海水覆盖变为被山包围，那个国家位于什么地方？

2. 颈部很长的"长颈龙"全长有6米，其中脖子的长度是几米？

3. 被认为是最古老的哺乳类动物的"摩尔根兽"，生活在哪个时代里？

答案：95页

⑦ 蛇嘴鱼龙
Leptonectes
鱼龙类

⑦ 温特拉霍恩斯坦

④ 施特拉夫雷克

阿尔高燦

下腔菊石
Catacoeloceras
菊石类 ④

⑥ 索洛图恩州

头部比较小的海栖鳄鱼

达克龙 ⑥
Dakosaurus
鳄形类

真鼻龙
Eurhinosaurus
鱼龙类 ④

⑧ 最早被命名的恐龙

⑧ 伯尔尼

斑龙 ⑧
Megalosaurus
兽脚类（恐龙）

肿肋龙
Pachypleurosaurus
爬行类 ②

贝萨诺龙 ①
Besanosaurus
鱼龙类

早期的大型鱼龙

杯椎鱼龙 ①
Cymbospondylus
鱼龙类

鸥龙
Lariosaurus
爬行类

长颈龙 ②
Tanystropheus
爬行类

全长6米，其中一半以上是脖子。躯干和颈部的长度比率可以说是史上最大的。

脖子很长的爬行类

④⑤
①②③

⑦⑧
③④⑥

志留纪	泥盆纪	石炭纪	二叠纪	三叠纪	侏罗纪	白垩纪	古近纪	新近纪	第四纪
（约4亿4400万年前～）	（约4亿1900万年前～）	（约3亿5900万年前～）	（约2亿9900万年前～）	（约2亿5200万年前～）	（约2亿100万年前～）	（约1亿4500万年前～）	（约6600万年前～）	（约2300万年前～）	（约258万年前～）

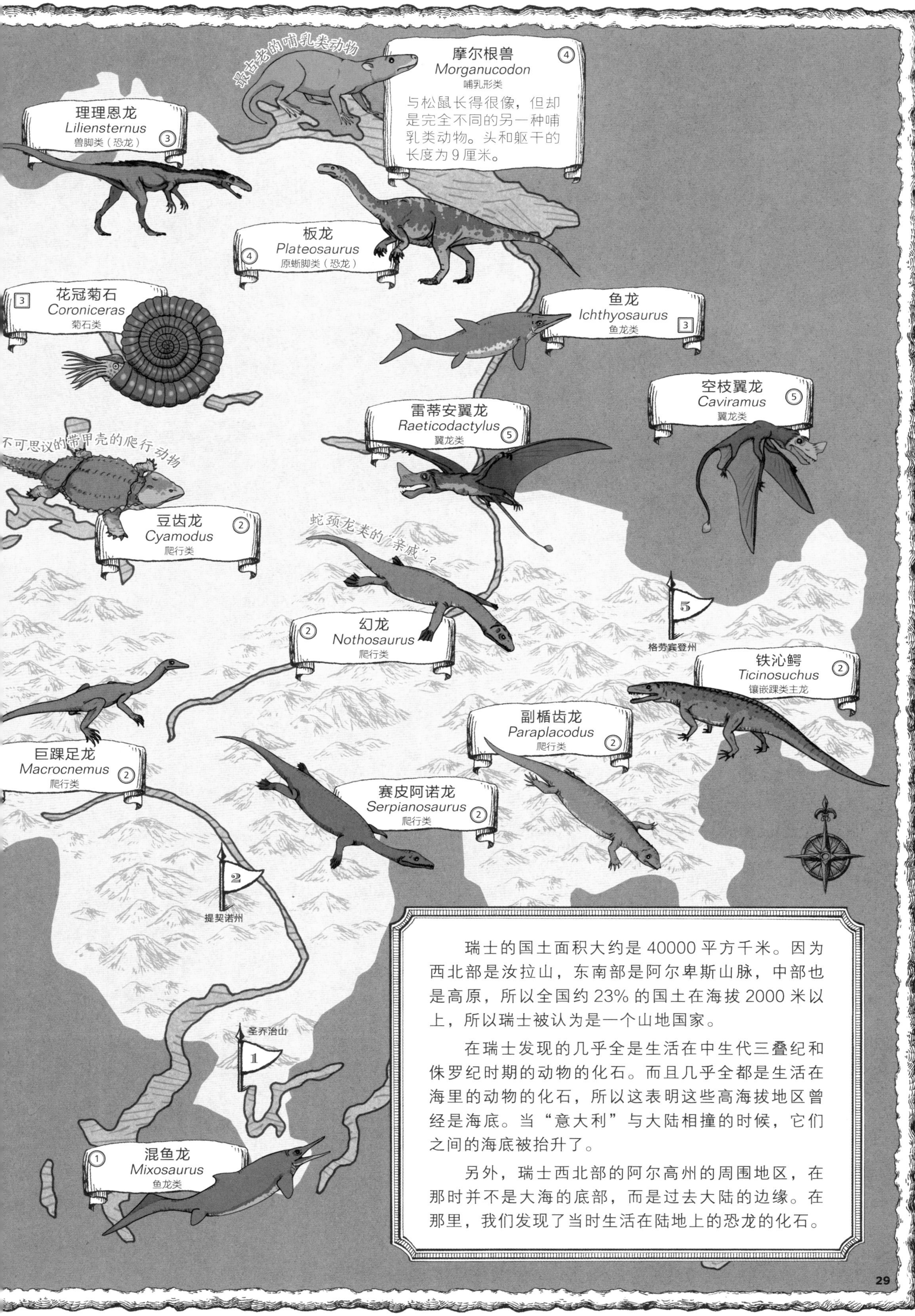

理理恩龙
Liliensternus
兽脚类（恐龙） ③

摩尔根兽 ④
Morganucodon
哺乳形类
与松鼠长得很像，但却是完全不同的另一种哺乳类动物。头和躯干的长度为9厘米。

恐龙的哺乳类动物

板龙 ④
Plateosaurus
原蜥脚类（恐龙）

花冠菊石 ③
Coroniceras
菊石类

鱼龙 ③
Ichthyosaurus
鱼龙类

空枝翼龙 ⑤
Caviramus
翼龙类

雷蒂安翼龙 ⑤
Raeticodactylus
翼龙类

不可思议的带甲壳的爬行动物

豆齿龙 ②
Cyamodus
爬行类

蛇颈龙类的"亲戚"？

幻龙 ②
Nothosaurus
爬行类

格劳宾登州 5

铁沁鳄 ②
Ticinosuchus
镶嵌踝类主龙

副楯齿龙 ②
Paraplacodus
爬行类

巨踝足龙 ②
Macrocnemus
爬行类

赛皮阿诺龙 ②
Serpianosaurus
爬行类

提契诺州 2

圣乔治山 1

混鱼龙 ①
Mixosaurus
鱼龙类

瑞士的国土面积大约是40000平方千米。因为西北部是汝拉山，东南部是阿尔卑斯山脉，中部也是高原，所以全国约23%的国土在海拔2000米以上，所以瑞士被认为是一个山地国家。

在瑞士发现的几乎全是生活在中生代三叠纪和侏罗纪时期的动物的化石。而且几乎全都是生活在海里的动物的化石，所以这表明这些高海拔地区曾经是海底。当"意大利"与大陆相撞的时候，它们之间的海底被抬升了。

另外，瑞士西北部的阿尔高州的周围地区，在那时并不是大海的底部，而是过去大陆的边缘。在那里，我们发现了当时生活在陆地上的恐龙的化石。

在同一地方发现的化石的编号是相同的，用○●、□表示这个生物生活的时代不同

寒武纪（约5亿4100万年前~）	①
奥陶纪（约4亿8500万年前~）	①②
志留纪（约4亿4400万年前~）	
泥盆纪（约4亿1900万年前~）	
三叠纪（约2亿5200万年前~）	③
侏罗纪（约2亿100万年前~）	④
白垩纪（约1亿4500万年前~）	④⑦ ⑤⑧ ⑥
古近纪（约6600万年前~）	⑨
新近纪（约2300万年前~）	⑩
第四纪（约258万年前~）	⑪⑫⑬⑭

大海雀
Pinguinus impennis
鸟类 ⑭

曾经生活在北大西洋一带，身高80厘米左右的海鸟。由于人类的滥捕，在1844年灭绝了。

因人类灭绝的海鸟

海中的帝王 **14** 希洪

沧龙 ⑤
Mosasaurus
沧龙类

杆菊石 ⑤
Baculites
菊石类

7 卡斯蒂利亚-莱昂自治区

笔直的菊石

欧洲神翼龙 ⑥
Europejara
翼龙类

细长龙 ⑦
Lirainosaurus
蜥脚类（恐龙）

厚甲龙 ⑦
Struthiosaurus
甲龙类（恐龙）

锐龙 ④
Dacentrurus
剑龙类（恐龙）

原始的鸵鸟形恐龙

马德

生活在洞中的熊

洞熊 ⑬
Ursus spelaeus
熊类

似鹈鹕龙 ⑥
Pelecanimimus
兽脚类（恐龙）

乌拉尔虫 ②
Uralichas
三叶虫类

60厘米长，是最大型的三叶虫

长有4根粗大的刺

曼特尔龙 ⑥
Mantellisaurus
鸟脚类（恐龙）

圆月形镰虫 ②
Selenopeltis
三叶虫类

2 莫雷纳山脉

小 测 验

① 生活范围比较大的"大海雀"，是在哪一年灭绝的？

② 身长大幅增长的三叶虫"乌拉尔虫"，有几厘米长？

③ "厚甲龙"和"四齿龙"一样，同它们的同类相比都要小一些，这是为什么呢？

答案：95页

巨颏虎 ⑫
Megantereon
猫科动物

是被称作"剑齿虎"的猫科动物中的一种。与现在的美洲豹相似。头和躯干的长度为1.4米。

体型强壮而优美的剑齿虎

12 格拉纳达

南方猛犸象 ⑫
Mammuthus meridionalis
象类

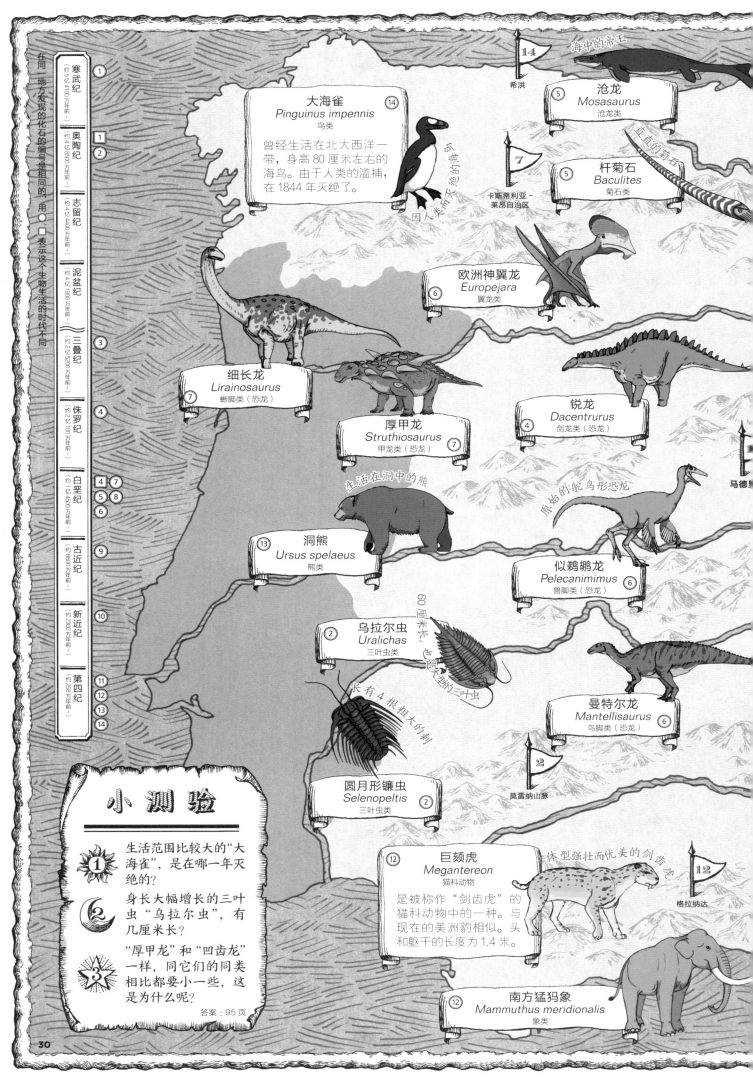

洞狮
Panthera leo spelaea
猫科动物
(11)

最大的猫科动物

鼷齿兽
Hyaenodon
肉齿类
(9)

绝灭了的肉食哺乳类动物的代表种

兜头虫
Paradoxides
三叶虫类
(1)

基普斯夸

萨拉戈萨
1

多马尔古猫兽
Dormaalocyon
食肉类
(9)

像植物一样的动物
9
加泰罗尼亚
自治区

平扭贝
Platystrophia
腕足动物
1

戈海百合
Gogia
棘皮动物
(1)

猫和狗的共同祖先

蛇颈龙类的"亲戚"?

幻龙
Nothosaurus
爬行类
(3)

3
塔拉戈纳

指菊石
Dactylioceras
菊石类
(4)

4
阿拉贡自治区

戈壁兽
Gobiconodon
哺乳类
(4)

6
昆卡

前粗菊石
Protrachyceras
菊石类
(3)

绝灭了的巨大的鲨鱼

巨齿鲨
Carcharodon megalodon
板鳃类
(10)

图里亚龙
Turiasaurus
蜥脚类(恐龙)
4

稜角鳞鳄
Goniopholis
鳄形类
4

10
马略卡岛

上有突起的恐龙

昆卡猎龙
Concavenator
兽脚类(恐龙)
(6)
背上的一部分有高高的
突起。全长6米。

西班牙

The Kingdom of Spain

8
卡斯蒂利亚-
拉曼查自治区

法国最具代表性的蜥脚类恐龙

葡萄园龙
Ampelosaurus
蜥脚类(恐龙)
8

　　西班牙位于伊比利亚半岛上,占据了半岛的大
部分。它的地貌以山地和高原为主,北部是以比利
牛斯山脉为主的山地,全国其他地区也有山地分布。

　　但在很久以前,西班牙同样也是海底,因此,
在各地都有海洋动物的化石被发现。之后,这里的
陆地面积逐渐扩大,到了中生代的时候,成为了恐
龙生活的地区。

　　中生代侏罗纪后期,这里是并不与大陆相连的岛
屿。不久,几乎是在"意大利"与大陆相撞的同一时期,
"伊比利岛"也与大陆相撞了。结果,岛屿和大陆之
间的海底抬升起来,形成了比利牛斯山脉,这也是在
这里的山上发现了很多海洋动物化石的原因。

凹齿龙
Rhabdodon
鸟脚类(恐龙)
(8)

60厘米长，也是大型的三叶虫

乌拉尔虫
Uralichas
三叶虫类
②

埃科普托奇利虫
Eccoptochile
三叶虫类
②

龙爪龙
Draconyx
鸟脚类（恐龙）
④

凹头虫
Colpocoryphe
三叶虫类
①

小达尔曼虫
Dalmanitina
三叶虫类
①

进徙的恐龙

圆顶龙
Camarasaurus
蜥脚类（恐龙）
④

最早被命名的恐龙

斑龙
Megalosaurus
兽脚类（恐龙）
⑤

棱角鳞鳄
Goniopholis
鳄形类
④

维塞乌
②

喙嘴翼龙
Rhamphorhynchus
翼龙类
④
翼展宽2米的翼龙。小头和长尾是它的特征，口鼻部会随着年龄逐渐变长。

异特龙
Allosaurus
兽脚类（恐龙）
④

侏罗纪的王者

桑塔伦
⑦

"原始型"翼龙的代表类种

莱里亚
④

葡萄牙龙
Lusitanosaurus
甲龙类（恐龙）
④

葡萄牙

The Portuguese Republic

位于欧洲西南部的伊比利亚半岛，它的中部为高地。葡萄牙处于这个高地西侧的斜坡上，南北长，东西窄。

因为葡萄牙曾经也是海底，所以从这里发现了很多海洋动物化石。之后，随着陆地面积逐渐扩大，有很多恐龙开始生活在这里。

现在的葡萄牙的西边是大西洋，距离北美洲大陆非常遥远。可是，直到中生代侏罗纪为止，葡萄牙与北美洲大陆之间的距离还非常近，并且当时常连接在一起。因此，在北美洲大陆发现了与葡萄牙相同种类的恐龙化石。

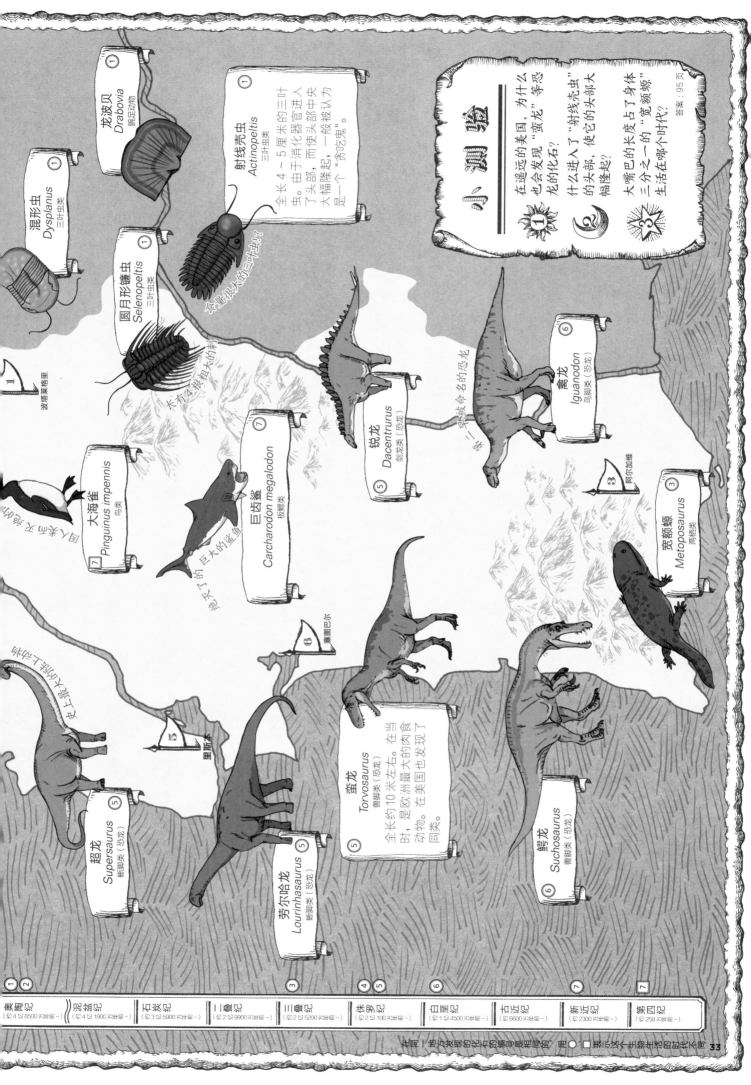

混形虫
Dysplanus
三叶虫类 ①

龙波贝
Drabovia
腕足动物 ①

射线壳虫
Actinopeltis
全长 4 ～ 5 厘米的三叶
虫。由于消化器官进入
了头部，而使头部中央
大幅隆起，一般认为
是一个"贪吃鬼"。
三叶虫类 ①

圆月形镰虫
Selenopeltis
三叶虫类 ①

体型很大的三叶虫？

长有4根粗大的刺

波塔莱格里

小 测 验

1 在遥远的美国，为什么
也会发现"蛮龙"等恐
龙的化石？

2 什么进入了"射线壳虫"
的头部，使它的头部大
幅隆起？

3 大嘴巴的长度占了身体
三分之一的"宽额螈"
生活在哪个时代？

答案：95 页

锐龙
Dacentrurus
剑龙类（恐龙）⑤⑦

禽龙
Iguanodon
鸟脚类（恐龙）⑥

二早被波命名的恐龙

阿尔加维 B

大海雀
Pinguinus impennis
鸟类 ⑦

巨齿鲨
Carcharodon megalodon
板鳃类 ⑦

灭绝了的巨大的鲨鱼

全长近1米的大海雀

宽额螈
Metoposaurus
两栖类 ③

塞图巴尔 B

史上最大的恐龙之一

里斯本 D

超龙
Supersaurus
蜥脚类（恐龙）⑤

劳尔哈龙
Lourinhasaurus
蜥脚类（恐龙）⑤

蛮龙
Torvosaurus
全长约10米左右。在当
时，是欧洲最大的肉食
动物。在美国也发现了
同类。
兽脚类（恐龙）⑤

鳄龙
Suchosaurus
兽脚类（恐龙）⑥

①②	奥陶纪 (约4亿8500万年前～)
②	志留纪
	泥盆纪 (约4亿1900万年前～)
	石炭纪 (约3亿5900万年前～)
	二叠纪 (约2亿9900万年前～)
③	三叠纪 (约2亿5200万年前～)
④⑤	侏罗纪 (约2亿100万年前～)
⑥	白垩纪 (约1亿4500万年前～)
⑦	古近纪 (约6600万年前～)
	新近纪 (约2300万年前～)
⑦	第四纪 (约258万年前～)

在同一地方发现的化石的编号用相同的 ●或 □表示这个生物生活的时代不同

33

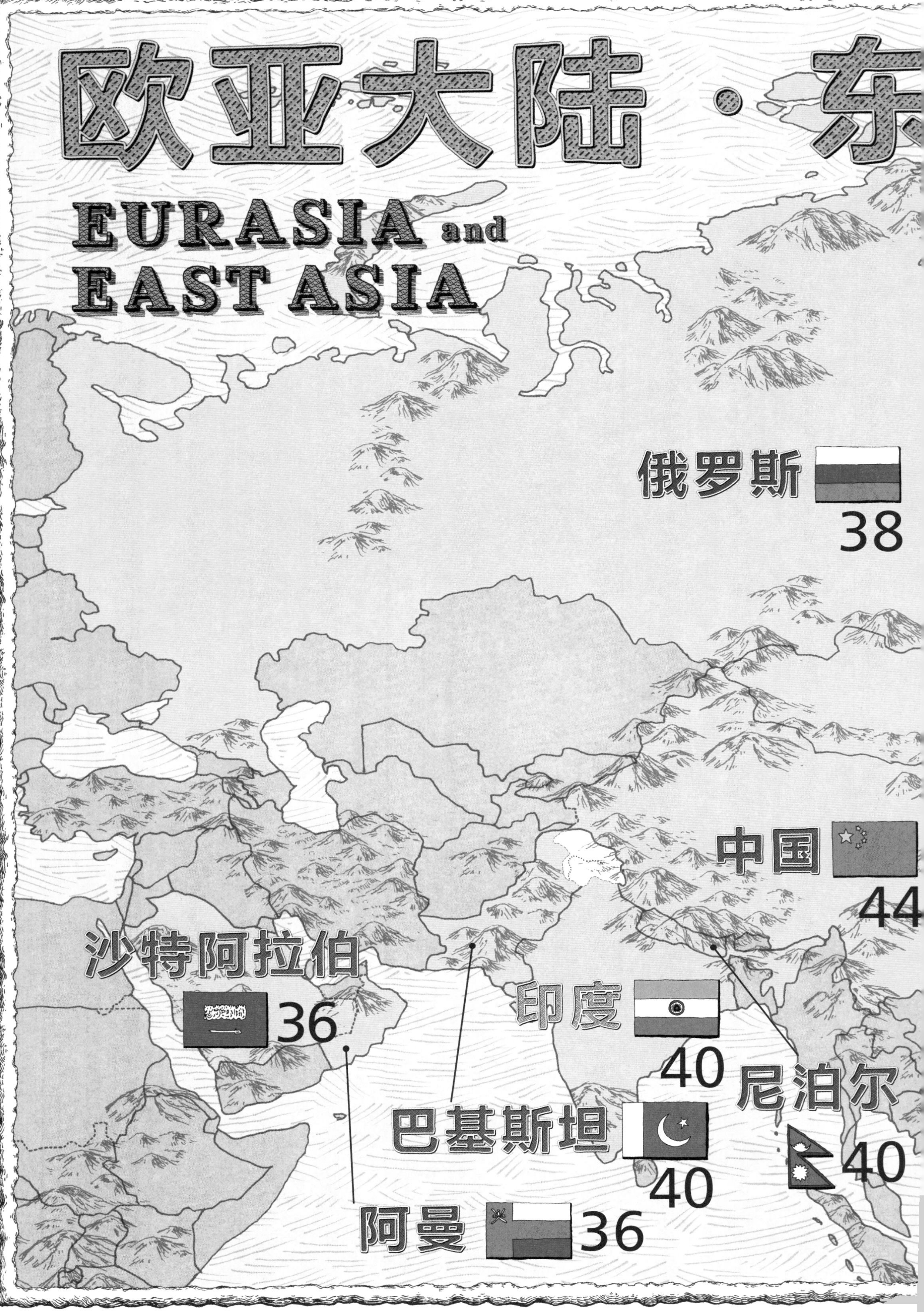

欧亚大陆·东

EURASIA and EAST ASIA

俄罗斯 38

中国 44

沙特阿拉伯 36

印度 40

尼泊尔 40

巴基斯坦 40

阿曼 36

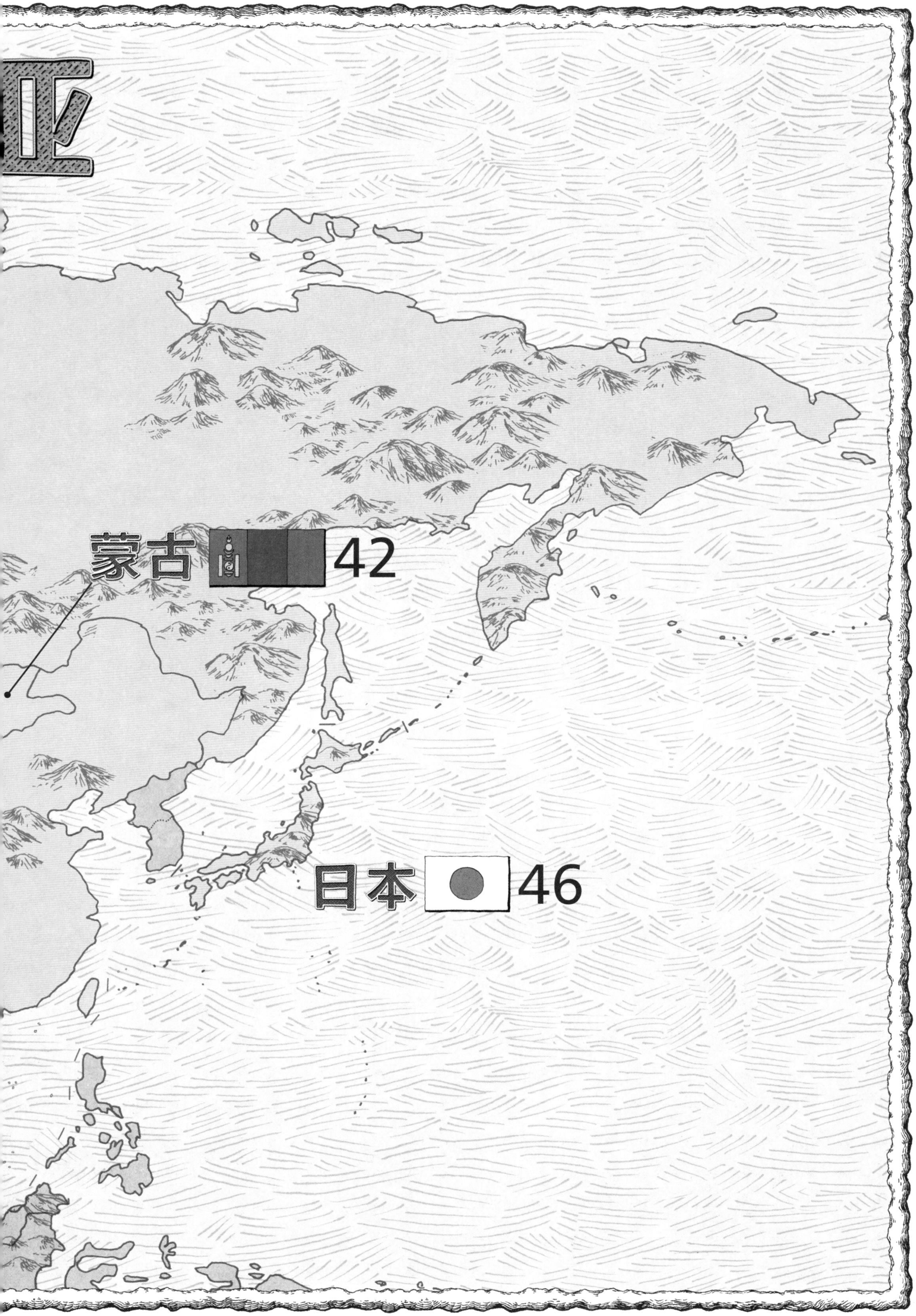

亜

蒙古 42

日本 46

沙特阿拉伯

The Kingdom of Saudi Arabia

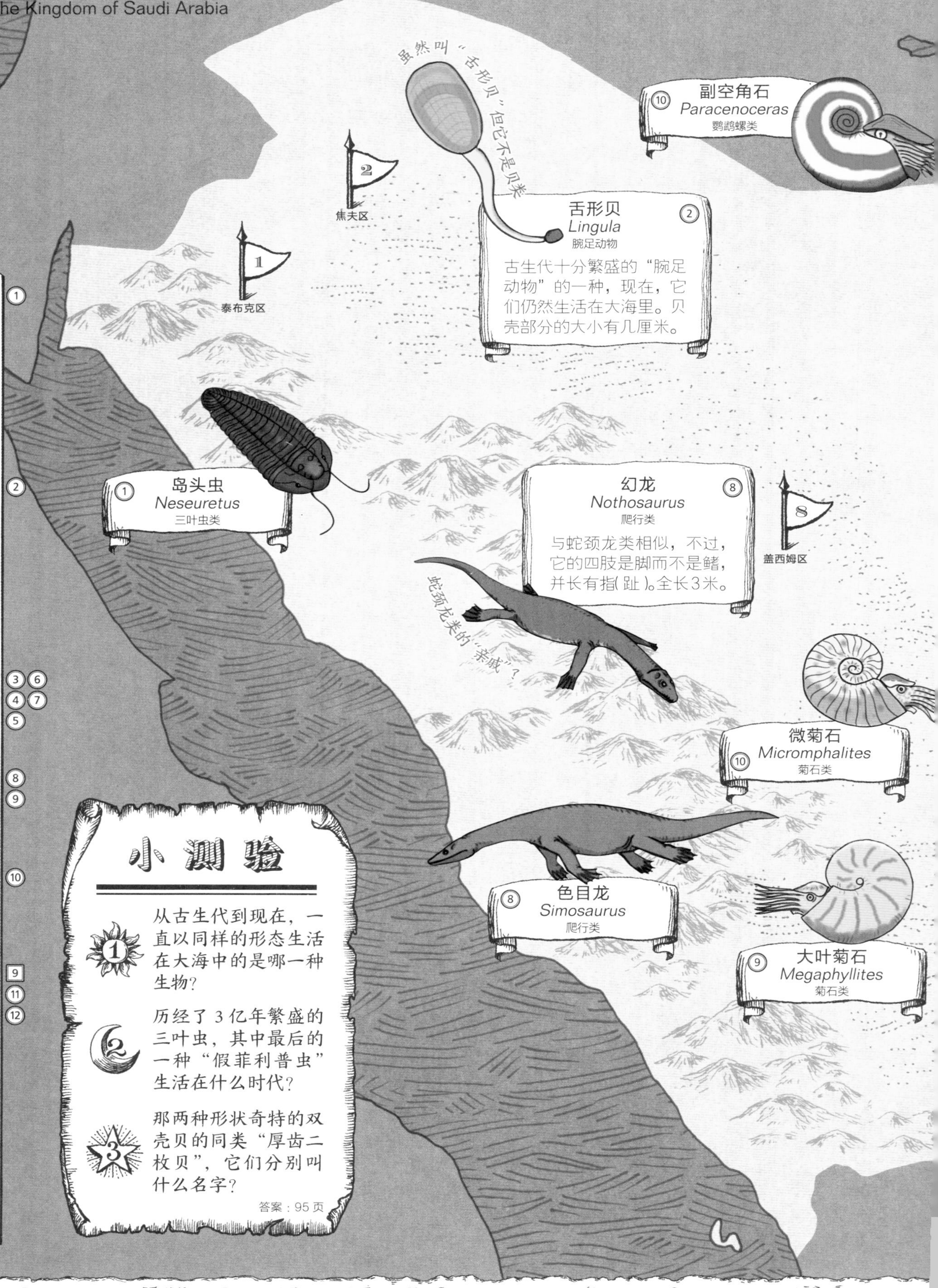

虽然叫"舌形贝"，但它不是贝类

⑩ 副空角石
Paracenoceras
鹦鹉螺类

舌形贝 ②
Lingula
腕足动物

古生代十分繁盛的"腕足动物"的一种，现在，它们仍然生活在大海里。贝壳部分的大小有几厘米。

②
焦夫区

①
泰布克区

岛头虫 ①
Neseuretus
三叶虫类

幻龙 ⑧
Nothosaurus
爬行类

与蛇颈龙类相似，不过，它的四肢是脚而不是鳍，并长有指（趾）。全长3米。

⑧
盖西姆区

蛇颈龙类的……亲戚？

微菊石 ⑩
Micromphalites
菊石类

色目龙 ⑧
Simosaurus
爬行类

大叶菊石 ⑨
Megaphyllites
菊石类

小 测 验

1 从古生代到现在，一直以同样的形态生活在大海中的是哪一种生物？

2 历经了3亿年繁盛的三叶虫，其中最后的一种"假菲利普虫"生活在什么时代？

3 那两种形状奇特的双壳贝的同类"厚齿二枚贝"，它们分别叫什么名字？

答案：95页

地质年代表（左侧）

① 奥陶纪（约4亿8500万年前）

志留纪（约4亿4400万年前）

② 泥盆纪（约4亿1900万年前）

石炭纪（约3亿5900万年前）

③⑥ ④⑦ ⑤ 二叠纪（约2亿9900万年前）

⑧⑨ 三叠纪（约2亿5200万年前）

⑩ 侏罗纪（约2亿100万年前）

⑨⑪⑫ 白垩纪（约1亿4500万年前）

古近纪（约6600万年前）

新近纪（约2300万年前）

在同一地方发现的化石的编号是相同的，用○和□表示这个生物生活的时代不同

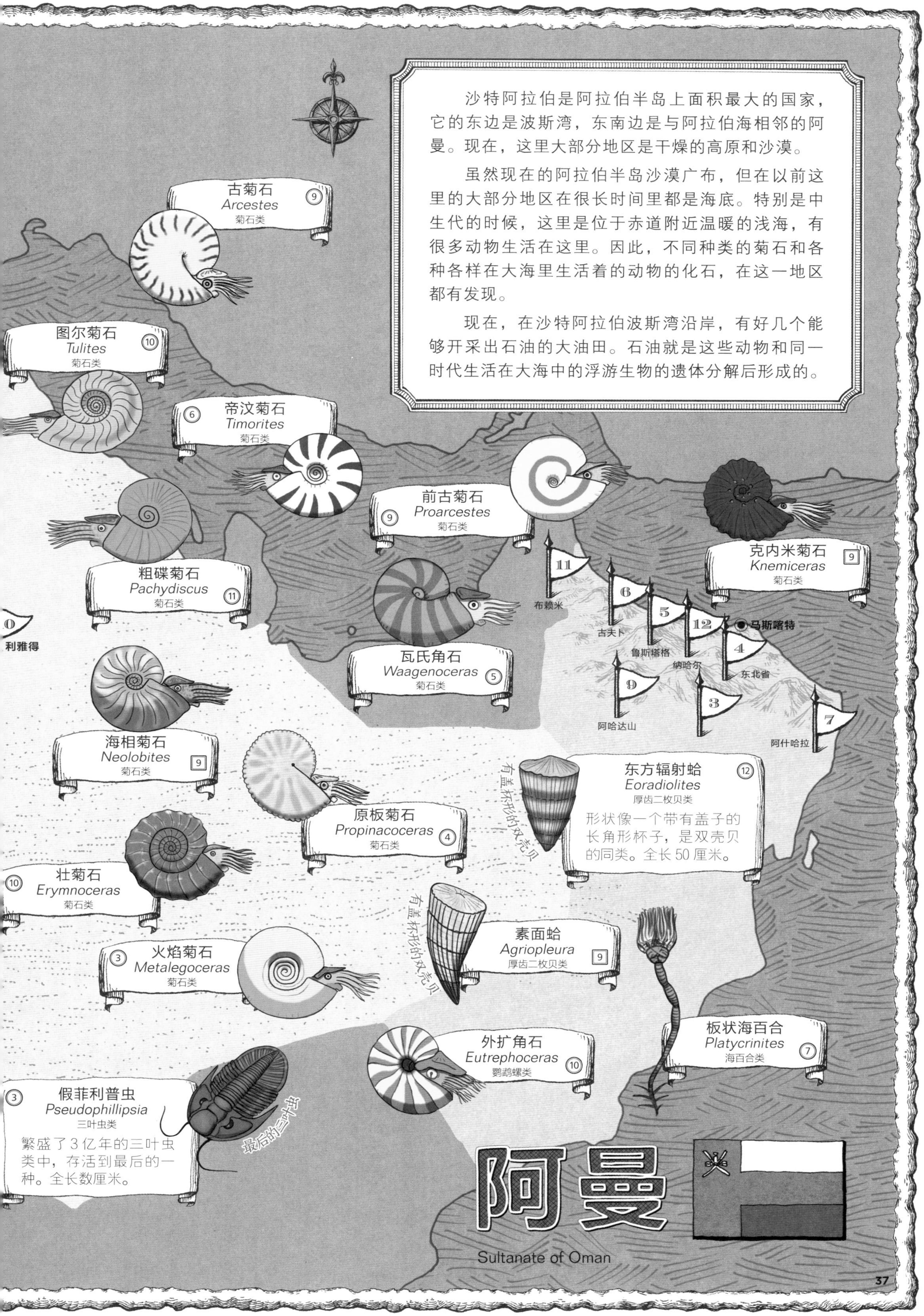

古菊石
Arcestes
菊石类 ⑨

图尔菊石
Tulites
菊石类 ⑩

帝汶菊石
Timorites
菊石类 ⑥

前古菊石
Proarcestes
菊石类 ⑨

克内米菊石
Knemiceras
菊石类 ⑨

粗碟菊石
Pachydiscus
菊石类 ⑪

沙特阿拉伯是阿拉伯半岛上面积最大的国家，它的东边是波斯湾，东南边是与阿拉伯海相邻的阿曼。现在，这里大部分地区是干燥的高原和沙漠。

虽然现在的阿拉伯半岛沙漠广布，但在以前这里的大部分地区在很长时间里都是海底。特别是中生代的时候，这里是位于赤道附近温暖的浅海，有很多动物生活在这里。因此，不同种类的菊石和各种各样在大海里生活着的动物的化石，在这一地区都有发现。

现在，在沙特阿拉伯波斯湾沿岸，有好几个能够开采出石油的大油田。石油就是这些动物和同一时代生活在大海中的浮游生物的遗体分解后形成的。

利雅得

布赖米 ⑪
古夫卜 ⑥
鲁斯塔格 ⑤
纳哈尔 ⑫
马斯喀特 ⑫
东北省 ④
阿哈达山 ⑨
阿什哈拉 ③ ⑦

瓦氏角石
Waagenoceras
菊石类 ⑤

海相菊石
Neolobites
菊石类 ⑨

东方辐射蛤
Eoradiolites
厚齿二枚贝类 ⑫
形状像一个带有盖子的长角形杯子，是双壳贝的同类。全长 50 厘米。

有盖杯形的双壳贝

原板菊石
Propinacoceras
菊石类 ④

壮菊石
Erymnoceras
菊石类 ⑩

火焰菊石
Metalegoceras
菊石类 ③

素面蛤
Agriopleura
厚齿二枚贝类 ⑨

有盖杯形的双壳贝

板状海百合
Platycrinites
海百合类 ⑦

外扩角石
Eutrephoceras
鹦鹉螺类 ⑩

假菲利普虫
Pseudophillipsia
三叶虫类 ③
繁盛了 3 亿年的三叶虫类中，存活到最后的一种。全长数厘米。

最后的三叶虫

阿曼

Sultanate of Oman

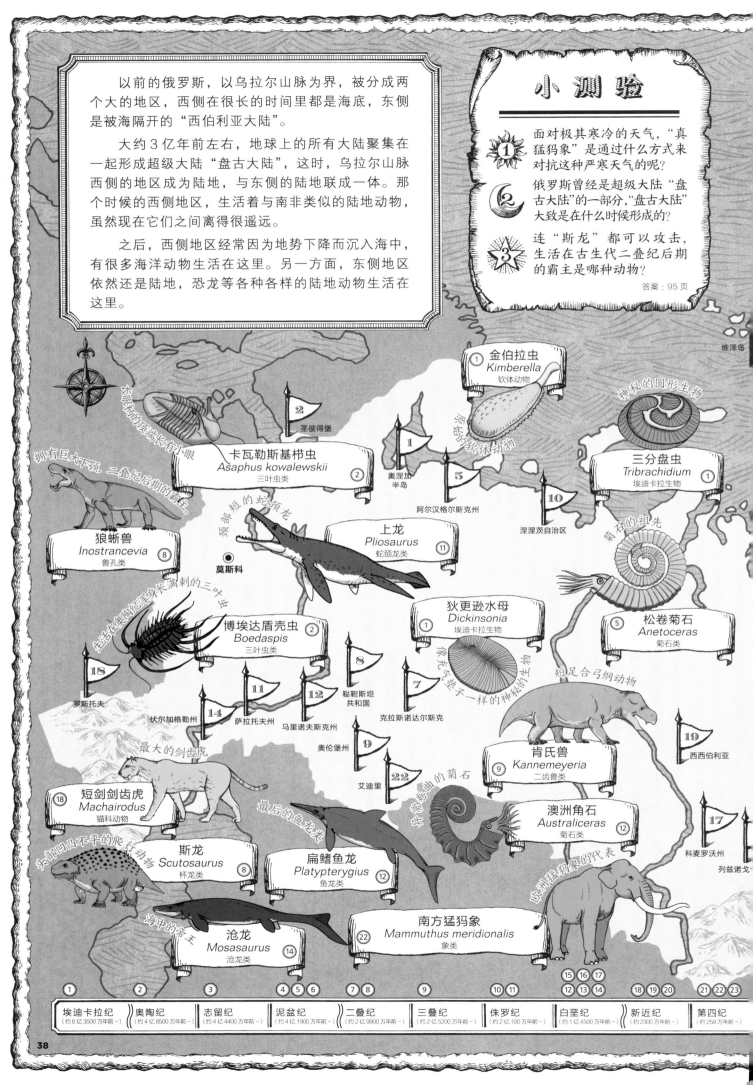

以前的俄罗斯，以乌拉尔山脉为界，被分成两个大的地区，西侧在很长的时间里都是海底，东侧是被海隔开的"西伯利亚大陆"。

大约3亿年前左右，地球上的所有大陆聚集在一起形成超级大陆"盘古大陆"，这时，乌拉尔山脉西侧的地区成为陆地，与东侧的陆地联成一体。那个时候的西侧地区，生活着与南非类似的陆地动物，虽然现在它们之间离得很遥远。

之后，西侧地区经常因为地势下降而沉入海中，有很多海洋动物生活在这里。另一方面，东侧地区依然还是陆地，恐龙等各种各样的陆地动物生活在这里。

小 测 验

1. 面对极其寒冷的天气，"真猛犸象"是通过什么方式来对抗这种严寒天气的呢？

2. 俄罗斯曾经是超级大陆"盘古大陆"的一部分，"盘古大陆"大致是在什么时候形成的？

3. 连"斯龙"都可以攻击，生活在古生代二叠纪后期的霸主是哪种动物？

答案：95页

维泽岛

① 金伯拉虫
Kimberella
软体动物

神秘的圆形生物

原始的软体动物

三分盘虫
Tribrachidium
埃迪卡拉生物 ①

本眼睛的顶端长有小眼

圣彼得堡 2

卡瓦勒斯基栉虫
Asaphus kowalewskii
三叶虫类 ②

奥涅加半岛

1

5

阿尔汉格尔斯克州

10

涅涅茨自治区

菊石的祖先

拥有巨大下颚，二叠纪后期的霸主。

狼蜥兽
Inostrancevia
兽孔类 ⑧

颈部很短的蛇颈龙

莫斯科

上龙
Pliosaurus
蛇颈龙类 ⑪

狄更逊水母
Dickinsonia
埃迪卡拉生物 ①

像充气垫子一样的神秘的生物

松卷菊石
Anetoceras
菊石类 ⑤

生活在奥陶纪浑身长满刺的三叶虫

博埃达盾壳虫
Boedaspis
三叶虫类 ②

18
罗斯托夫

11
伏尔加格勒州

14
萨拉托夫州

12
马里诺夫斯克州

8

7

鞑靼斯坦共和国

克拉斯诺达尔斯克

短足合弓纲动物

肯氏兽
Kannemeyeria
二齿兽类 ⑨

19
西西伯利亚

9
奥伦堡州

22
艾迪里

最大的剑齿虎

短剑剑齿虎
Machairodus
猫科动物 ⑱

最后的鱼龙类

吹弯曲的菊石

澳洲角石
Australiceras
菊石类 ⑫

17
科麦罗沃州
列兹诺戈

头部凹凸不平的爬行动物

斯龙
Scutosaurus
杯龙类 ⑧

扁鳍鱼龙
Platypterygius
鱼龙类 ⑫

海中的帝王

沧龙
Mosasaurus
沧龙类 ⑭

南方猛犸象
Mammuthus meridionalis
象类 ㉒

欧洲猛犸象的代表

①	②	③	④⑤⑥	⑦⑧	⑨	⑩⑪	⑫⑬⑭	⑱⑲⑳	㉑㉒㉓
埃迪卡拉纪（约6亿3500万年前~）	奥陶纪（约4亿8500万年前~）	志留纪（约4亿4400万年前~）	泥盆纪（约4亿1900万年前~）	二叠纪（约2亿9900万年前~）	三叠纪（约2亿5200万年前~）	侏罗纪（约2亿100万年前~）	白垩纪（约1亿4500万年前~）	新近纪（约2300万年前~）	第四纪（约258万年前~）

⑮⑯⑰

38

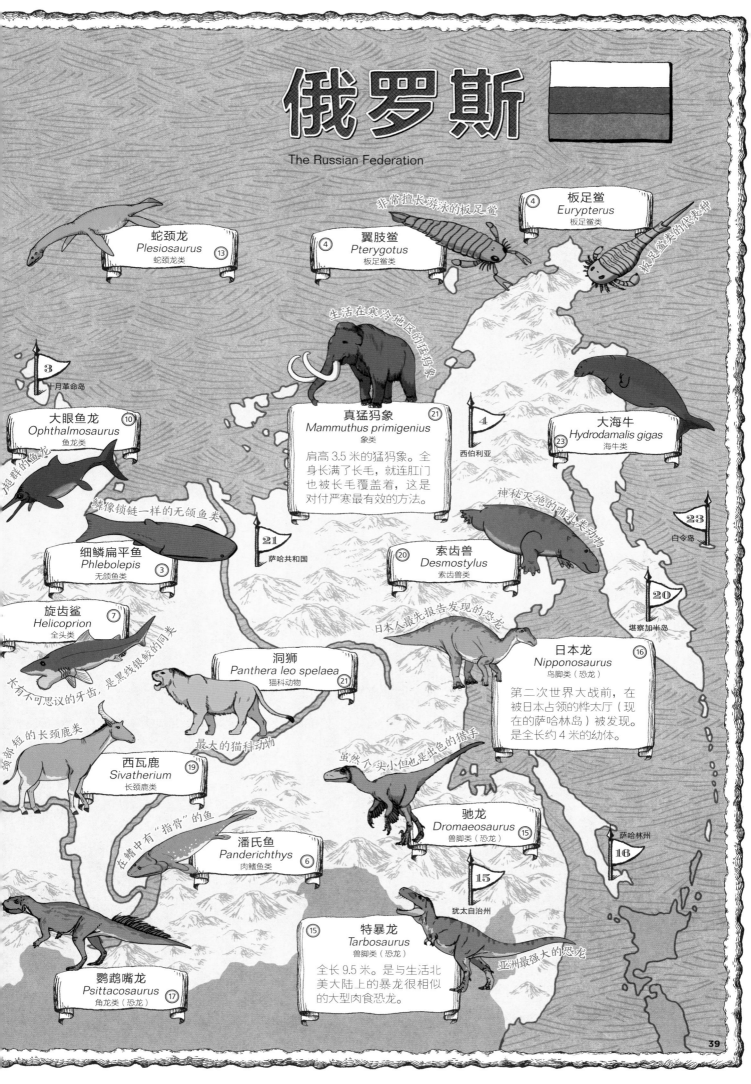

俄罗斯

The Russian Federation

蛇颈龙
Plesiosaurus
蛇颈龙类 ⑬

翼肢鲎
Pterygotus
板足鲎类 ④

非常擅长游泳的板足鲎

板足鲎
Eurypterus
板足鲎类 ④

板足鲎类的代表种

生活在寒冷地区的猛犸象

③ 十月革命岛

大眼鱼龙
Ophthalmosaurus
鱼龙类 ⑩

超群的鱼龙

真猛犸象
Mammuthus primigenius
象类 ㉑

肩高 3.5 米的猛犸象。全身长满了长毛，就连肛门也被长毛覆盖着，这是对付严寒最有效的方法。

④ 西伯利亚

大海牛
Hydrodamalis gigas
海牛类 ㉓

神秘灭绝的哺乳类动物

㉓ 白令岛

鳞像锁链一样的无颌鱼类

细鳞扁平鱼
Phlebolepis
无颌鱼类 ③

㉑ 萨哈共和国

索齿兽
Desmostylus
索齿兽类 ⑳

⑳ 堪察加半岛

旋齿鲨
Helicoprion
全头类 ⑦

长有不可思议的牙齿，是黑线银鲛的同类

洞狮
Panthera leo spelaea
猫科动物 ㉑

最大的猫科动物

日本人最先报告发现的恐龙

日本龙
Nipponosaurus
鸟脚类（恐龙） ⑯

第二次世界大战前，在被日本占领的桦太厅（现在的萨哈林岛）被发现。是全长约 4 米的幼体。

颈部短的长颈鹿类

西瓦鹿
Sivatherium
长颈鹿类 ⑲

虽然个头小但是出色的猎手

驰龙
Dromaeosaurus
兽脚类（恐龙） ⑮

㉒ 萨哈林州 ⑯

在鳍中有"指骨"的鱼

潘氏鱼
Panderichthys
肉鳍鱼类 ⑥

⑮ 犹太自治州

特暴龙
Tarbosaurus
兽脚类（恐龙） ⑮

全长 9.5 米。是与生活北美大陆上的暴龙很相似的大型肉食恐龙。

亚洲最强大的恐龙

鹦鹉嘴龙
Psittacosaurus
角龙类（恐龙） ⑰

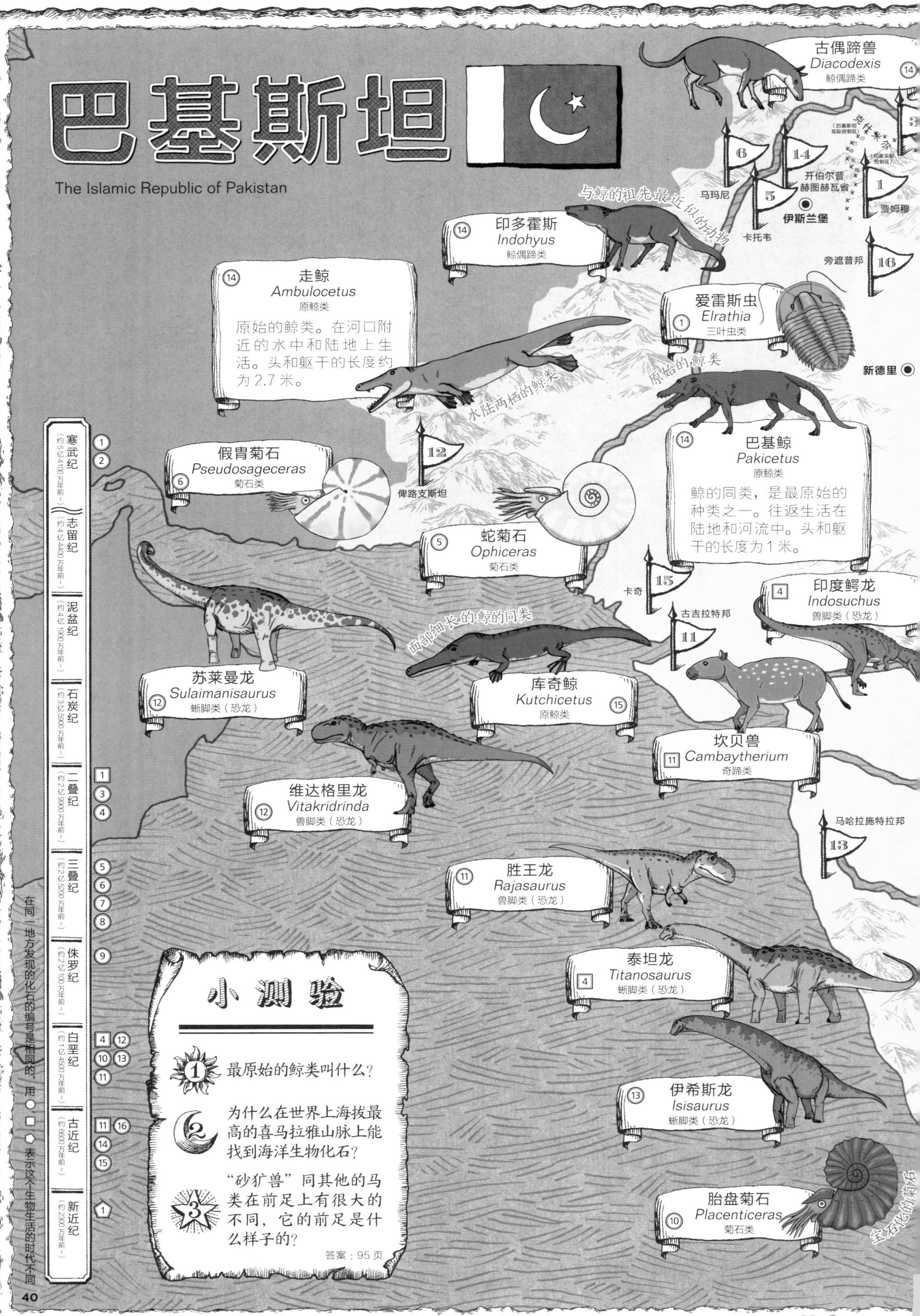

巴基斯坦

The Islamic Republic of Pakistan

古偶蹄兽
Diacodexis
鲸偶蹄类

与鲸的祖先最近似的动物

印多霍斯
Indohyus
鲸偶蹄类

爱雷斯虫
Elrathia
三叶虫类

走鲸
Ambulocetus
原鲸类

原始的鲸类。在河口附近的水中和陆地上生活。头和躯干的长度约为 2.7 米。

巴基鲸
Pakicetus
原鲸类

鲸的同类，是最原始的种类之一。往返生活在陆地和河流中。头和躯干的长度为 1 米。

假胃菊石
Pseudosageceras
菊石类

蛇菊石
Ophiceras
菊石类

印度鳄龙
Indosuchus
兽脚类（恐龙）

苏莱曼龙
Sulaimanisaurus
蜥脚类（恐龙）

库奇鲸
Kutchicetus
原鲸类

坎贝兽
Cambaytherium
奇蹄类

维达格里龙
Vitakridrinda
兽脚类（恐龙）

胜王龙
Rajasaurus
兽脚类（恐龙）

泰坦龙
Titanosaurus
蜥脚类（恐龙）

伊希斯龙
Isisaurus
蜥脚类（恐龙）

胎盘菊石
Placenticeras
菊石类

小测验

1 最原始的鲸类叫什么？

2 为什么在世界上海拔最高的喜马拉雅山脉上能找到海洋生物化石？

3 "砂犷兽"同其他的马类在前足上有很大的不同，它的前足是什么样子的？

答案：95 页

寒武纪（约5亿4100万年前）
志留纪（约4亿4400万年前）
泥盆纪（约4亿1900万年前）
石炭纪（约3亿5900万年前）
二叠纪（约2亿9900万年前）
三叠纪（约2亿5200万年前）
侏罗纪（约2亿100万年前）
白垩纪（约1亿4500万年前）
古近纪（约6600万年前）
新近纪（约2300万年前）

在同一个地方发现的化石的编号是相同的，用 ● ■ ◆ 表示这个生物生活的时代不同

40

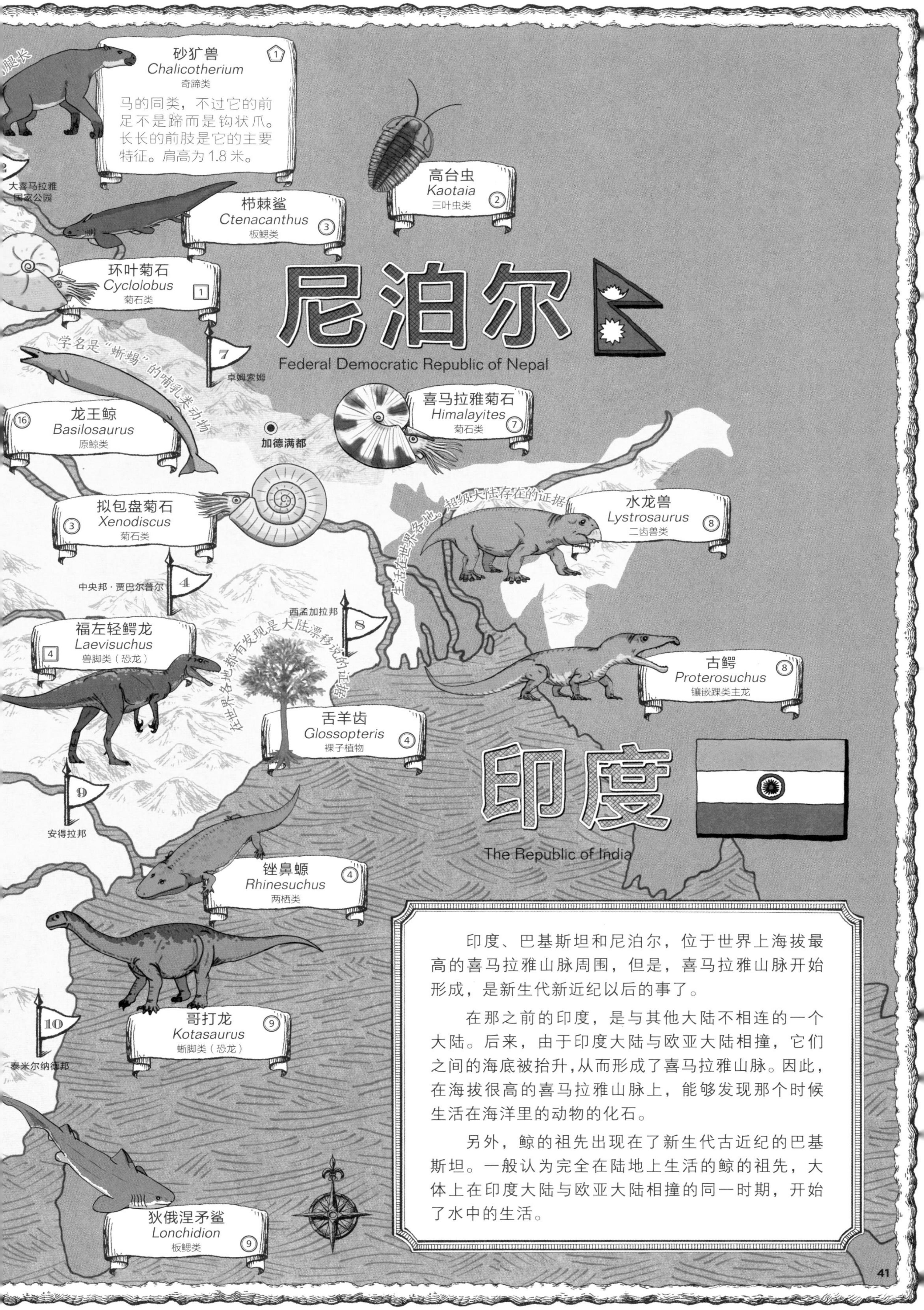

砂犷兽
Chalicotherium
奇蹄类
①
马的同类，不过它的前足不是蹄而是钩状爪。长长的前肢是它的主要特征。肩高为 1.8 米。

大喜马拉雅国家公园

高台虫
Kaotaia
三叶虫类
②

栉棘鲨
Ctenacanthus
板鳃类
③

环叶菊石
Cyclolobus
菊石类
①

尼泊尔
Federal Democratic Republic of Nepal

学名是"斩蜴"的哺乳类动物
7
卓姆索姆

龙王鲸
Basilosaurus
原鲸类
⑯

● 加德满都

喜马拉雅菊石
Himalayites
菊石类
⑦

拟包盘菊石
Xenodiscus
菊石类
③

在世界各地都有发现是大陆漂移说的证据

生活在世界各地，超级大陆存在的证据

水龙兽
Lystrosaurus
二齿兽类
⑧

中央邦·贾巴尔普尔
4

西孟加拉邦
8

福左轻鳄龙
Laevisuchus
兽脚类（恐龙）
④

舌羊齿
Glossopteris
裸子植物
④

古鳄
Proterosuchus
镶嵌踝类主龙
⑧

印度
The Republic of India

9
安得拉邦

锉鼻螈
Rhinesuchus
两栖类
④

10
泰米尔纳德邦

哥打龙
Kotasaurus
蜥脚类（恐龙）
⑨

狄俄涅矛鲨
Lonchidion
板鳃类
⑨

　　印度、巴基斯坦和尼泊尔，位于世界上海拔最高的喜马拉雅山脉周围，但是，喜马拉雅山脉开始形成，是新生代新近纪以后的事了。

　　在那之前的印度，是与其他大陆不相连的一个大陆。后来，由于印度大陆与欧亚大陆相撞，它们之间的海底被抬升，从而形成了喜马拉雅山脉。因此，在海拔很高的喜马拉雅山脉上，能够发现那个时候生活在海洋里的动物的化石。

　　另外，鲸的祖先出现在了新生代古近纪的巴基斯坦。一般认为完全在陆地上生活的鲸的祖先，大体上在印度大陆与欧亚大陆相撞的同一时期，开始了水中的生活。

蒙古

Mongolia

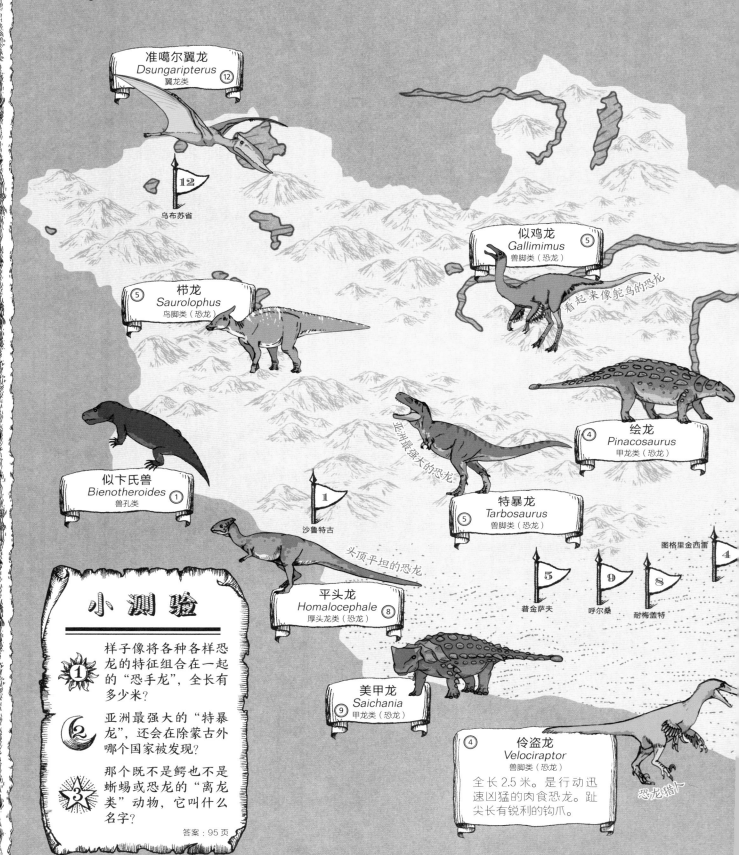

准噶尔翼龙
Dsungaripterus ⑫
翼龙类

12
乌布苏省

似鸡龙
Gallimimus ⑤
兽脚类（恐龙）

看起来像鸵鸟的恐龙

栉龙
⑤ *Saurolophus*
鸟脚类（恐龙）

绘龙
④ *Pinacosaurus*
甲龙类（恐龙）

似卡氏兽
Bienotheroides ①
兽孔类

亚洲最强大的恐龙

特暴龙
③ *Tarbosaurus*
兽脚类（恐龙）

1
沙鲁特古

头顶平坦的恐龙

图格里金西雷

平头龙
Homalocephale ⑧
厚头龙类（恐龙）

5
普金萨夫

9
呼尔桑

8
耐梅盖特

4

美甲龙
⑨ *Saichania*
甲龙类（恐龙）

伶盗龙
④ *Velociraptor*
兽脚类（恐龙）

全长 2.5 米。是行动迅速凶猛的肉食恐龙。趾尖长有锐利的钩爪。

恐龙猎卜

小测验

① 样子像将各种各样恐龙的特征组合在一起的"恐手龙"，全长有多少米？

② 亚洲最强大的"特暴龙"，还会在除蒙古外哪个国家被发现？

③ 那个既不是鳄也不是蜥蜴或恐龙的"离龙类"动物，它叫什么名字？

答案：95 页

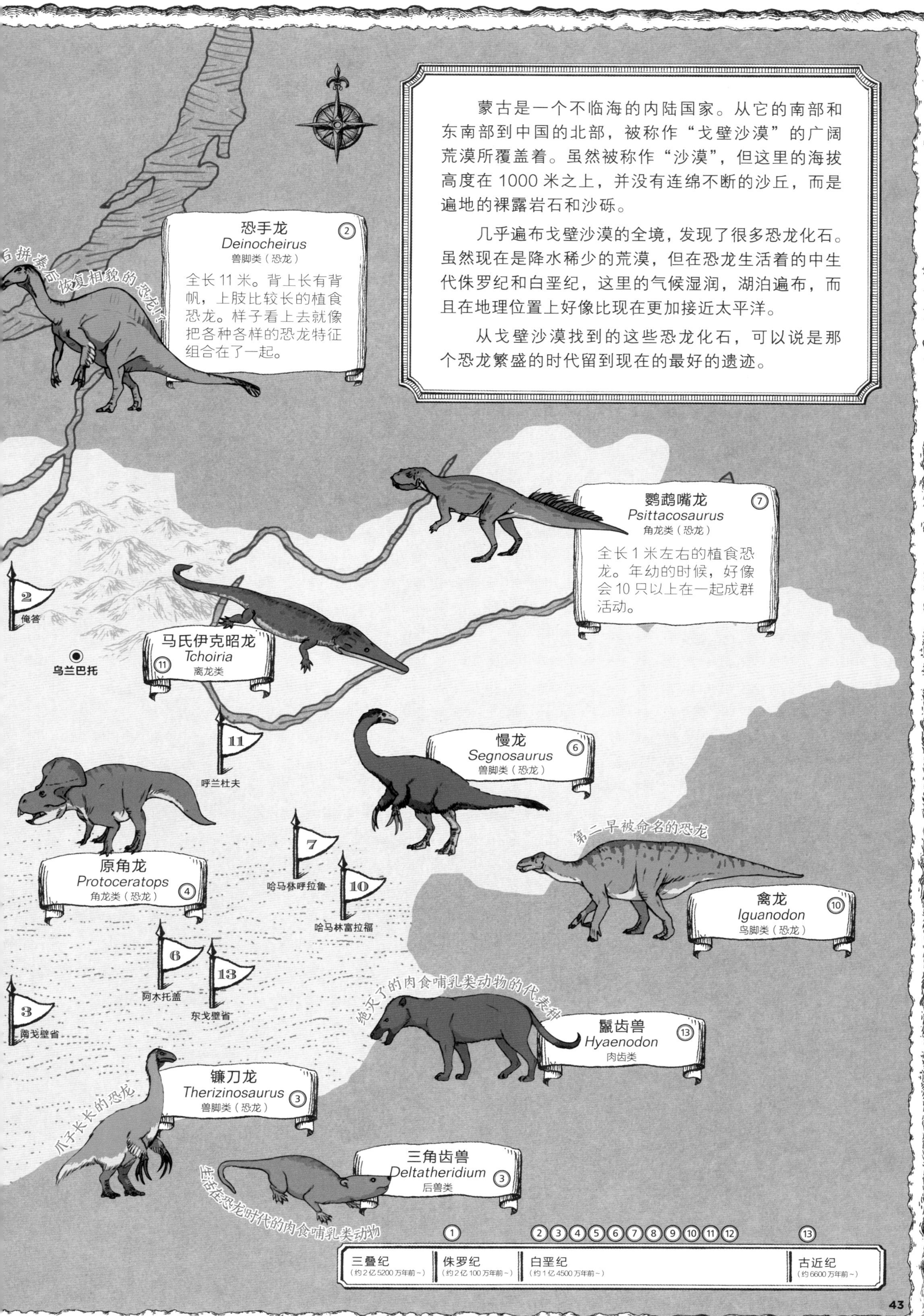

蒙古是一个不临海的内陆国家。从它的南部和东南部到中国的北部，被称作"戈壁沙漠"的广阔荒漠所覆盖着。虽然被称作"沙漠"，但这里的海拔高度在1000米之上，并没有连绵不断的沙丘，而是遍地的裸露岩石和沙砾。

几乎遍布戈壁沙漠的全境，发现了很多恐龙化石。虽然现在是降水稀少的荒漠，但在恐龙生活着的中生代侏罗纪和白垩纪，这里的气候湿润，湖泊遍布，而且在地理位置上好像比现在更加接近太平洋。

从戈壁沙漠找到的这些恐龙化石，可以说是那个恐龙繁盛的时代留到现在的最好的遗迹。

恐手龙 ②
Deinocheirus
兽脚类（恐龙）

全长11米。背上长有背帆，上肢比较长的植食恐龙。样子看上去就像把各种各样的恐龙特征组合在了一起。

互拼凑而恢复相貌的恐龙？

鹦鹉嘴龙 ⑦
Psittacosaurus
角龙类（恐龙）

全长1米左右的植食恐龙。年幼的时候，好像会10只以上在一起成群活动。

马氏伊克昭龙 ⑪
Tchoiria
离龙类

慢龙 ⑥
Segnosaurus
兽脚类（恐龙）

第二早被命名的恐龙

原角龙 ④
Protoceratops
角龙类（恐龙）

禽龙 ⑩
Iguanodon
鸟脚类（恐龙）

鬣齿兽 ⑬
Hyaenodon
肉齿类

绝灭了的肉食哺乳类动物的代表种

镰刀龙 ③
Therizinosaurus
兽脚类（恐龙）

爪子长长的恐龙

三角齿兽 ③
Deltatheridium
后兽类

生活在恐龙时代的肉食哺乳类动物

2
俺答

乌兰巴托

11
呼兰杜夫

7
哈马林呼拉鲁

10
哈马林富拉福

6
阿木托盖

13
东戈壁省

3
南戈壁省

①	②③④⑤⑥⑦⑧⑨⑩⑪⑫		⑬
三叠纪 （约2亿5200万年前~）	侏罗纪 （约2亿100万年前~）	白垩纪 （约1亿4500万年前~）	古近纪 （约6600万年前~）

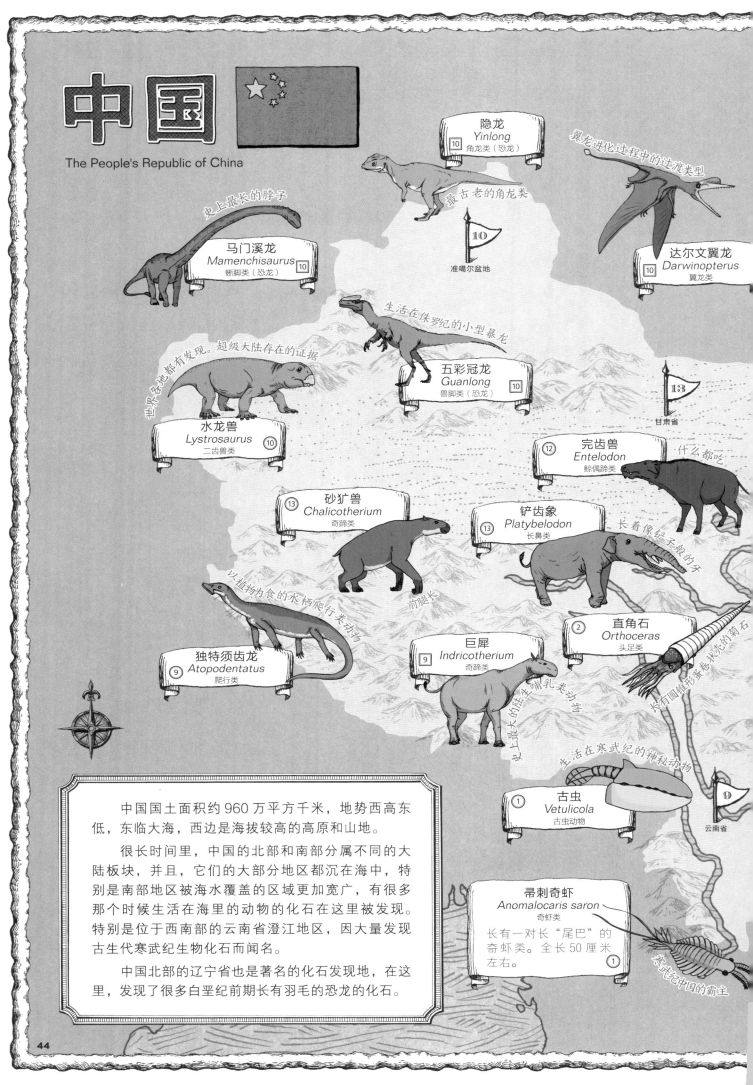

中国

The People's Republic of China

隐龙
Yinlong
10
角龙类（恐龙）

翼龙进化过程中的过渡类型

最古老的角龙类

10
准噶尔盆地

达尔文翼龙
10
Darwinopterus
翼龙类

史上最长的脖子

马门溪龙
Mamenchisaurus
10
蜥脚类（恐龙）

世界各地都有发现。超级大陆存在的证据

生活在侏罗纪的小型暴龙

五彩冠龙
Guanlong
10
兽脚类（恐龙）

13
甘肃省

水龙兽
Lystrosaurus
10
二齿兽类

12
完齿兽
Enteledon
鲸偶蹄类

什么都吃

砂犷兽
13
Chalicotherium
奇蹄类

铲齿象
13
Platybelodon
长鼻类

长着像铲子般的牙

以植物为食的水栖爬行类动物

前腿长

直角石
2
Orthoceras
头足类

长有圆锥形鬃卷状壳的菊石

独特须齿龙
9
Atopodentatus
爬行类

巨犀
9
Indricotherium
奇蹄类

史上最大的陆生哺乳类动物

生活在寒武纪的神秘动物

古虫
1
Vetulicola
古虫动物

9
云南省

中国国土面积约960万平方千米，地势西高东低，东临大海，西边是海拔较高的高原和山地。

很长时间里，中国的北部和南部分属不同的大陆板块，并且，它们的大部分地区都沉在海中，特别是南部地区被海水覆盖的区域更加宽广，有很多那个时候生活在海里的动物的化石在这里被发现。特别是位于西南部的云南省澄江地区，因大量发现古生代寒武纪生物化石而闻名。

中国北部的辽宁省也是著名的化石发现地，在这里，发现了很多白垩纪前期长有羽毛的恐龙的化石。

帚刺奇虾
Anomalocaris saron
奇虾类

长有一对长"尾巴"的奇虾类。全长50厘米左右。
1

寒武纪中国的霸主

寒武纪	奥陶纪	志留纪	泥盆纪	二叠纪	三叠纪	侏罗纪	白垩纪	古近纪	新近纪
（约5亿4100万年前～）	（约4亿8500万年前～）	（约4亿4400万年前～）	（约4亿1900万年前～）	（约2亿9900万年前～）	（约2亿5200万年前～）	（约2亿100万年前～）	（约1亿4500万年前～）	（约6600万年前～）	（约2300万年前～）

如滑翔机般在天空中飞翔

[11] **小盗龙**
Microraptor
兽脚类（恐龙）

全长80厘米、长羽毛的恐龙，不仅仅在前肢上长有翼，后肢上也有。

[11] **爬兽**
Repenomamus 捕食恐龙的哺乳类动物
哺乳类

鹦鹉嘴龙
Psittacosaurus
角龙类（恐龙）
[11]

最古老的真兽类哺乳类动物

侏罗兽
Juramaia
真兽类
○11

小型的暴龙

[11] **帝龙**
Dilong
兽脚类（恐龙）

全长1.6米左右的小型暴龙。长有羽毛。

在世界各地都有发现是大陆漂移说的证据

⚑12 古自治区

⑤ **旋齿鲨**
Helicoprion
全头类

长有不可思议的牙齿，是黑线银鲛的同类

⚑11 辽宁省

●北京市

⚑5 河北省

长有羽毛的大型暴龙

羽暴龙
Yutyrannus
兽脚类（恐龙）
[11]

早期的鱼龙类

巢湖龙
Chaohusaurus
鱼龙类
○7

舌羊齿
Glossopteris
裸子植物
⑥

⚑6 山西省

混足鲎
Mixopterus
板足鲎类
③

长有3种足的板足鲎类

鱼龙类的祖先

⚑7 安徽省

短吻鱼龙
Cartorhynchus
鱼龙形类
○7

答案：95页

小测验

① 在澄江地区发现的"澄江动物群"，它们是哪个时代的生物？

② 一般被认为是最古老的鱼类的祖先的动物是什么？

③ 最古老的龟类的同类"半甲齿龟"的壳和其他龟类有什么不同？

⚑3 湖北省

幻龙
Nothosaurus
爬行类
⑧

⚑8
川省

蛇颈龙类的"亲戚"？

⚑1
澄江

⚑8 贵州省

只有腹部有壳的龟

半甲齿龟
Odontochelys
龟类
⑧

最古老的!?鱼类的祖先

⚑4 广西壮族自治区

昆明鱼
Myllokunmingia
鱼类
①

贵州龙
Keichousaurus
爬行类
⑧

头部大的怪诞虫

强壮怪诞虫
Hallucigenia fortis
有爪动物
①

松卷菊石
Anetoceras
菊石类
④

菊石的祖先

45

日本
Japan

日本由大大小小的岛屿连接组成，从东北到西南呈细长形。各个时代的各种各样的化石几乎都能在日本找到。

日本列岛曾经位于亚洲大陆的东端。在以"最后的恐龙时代"而闻名的中生代白垩纪，现在的北海道的一部分地区是海底。这个时期在海洋里生活的动物，特别是菊石，它们的化石最近在北海道的地层中被发现。

几乎同一时期，大陆的东部的北方陆地上，生活着种类繁多的恐龙。

在新生代新近纪的时候，各个岛屿开始与大陆分离，它们之间形成日本海，不久，与现在一样的日本列岛诞生了。

真螺旋菊石 *Eubostrychoceras* 菊石类 ⑦
像弹簧一样异常弯曲的菊石

坎宁顿菊石 *Cunningtoniceras* 菊石类 ⑦
以螺旋作螺旋形异常弯曲的菊石类

海怪龙 *Taniwhasaurus* 沧龙类 ⑦
地球标本里常常出现的沧龙类

真猛犸象 *Mammuthus primigenius* 象类 ㉒
生活在寒冷地区的猛犸象

哥津鱼龙 *Utatsusaurus* 鱼龙类 ⑥
日本最古老的鱼龙 鱼龙是鱼形的海栖爬行动物

千叶龙 *Futabasaurus* 蛇颈龙类 ⑪
《哆啦A梦》中的化身！

逆瓦蛤 *Inoceramus hobetsensis* 二枚贝类 ⑨
壳长60厘米

手形尾虫 *Cheiropyge* 三叶虫类 ④
最后的三叶虫

日本菊石 *Nipponites* 菊石类 ⑦
壳的直径为1厘米左右的菊石。学名的意思是"日本的化石"，因为它代表了日本的菊石而闻名。
日本引以为傲的异常弯曲的菊石

科恩蛤 *Konbostrea* 二枚贝类 ⑦
长1米！？或更长的牡蛎

菲利浦三叶虫 *Phillipsia* 三叶虫类 ③

白峰龙 *Albalophosaurus* 角脚类（恐龙）⑩
小圣山白峰山附近发现的恐龙

白山加贺仙女蜥 *Kaganaias* 巨蜥类 ⑩

索齿兽 *Desmostylus* 索齿兽类 ⑱
神秘灭绝的哺乳类动物

加贺桑岛蜥 *Kuwajimalla* 蜥蜴类 ⑩
桑岛的小小的蜥蜴

福井盗龙 *Fukuiraptor* 兽脚类（恐龙）⑭

福井巨龙 *Fukuititan* 蜥脚类（恐龙）⑭

福井龙 *Fukuisaurus* 鸟脚类（恐龙）⑭

北海道 野村半岛
北海道 三笠市
北海道 鹉川町
岩手县 大船渡市
宫城县 气仙沼市
宫城县 歌津町

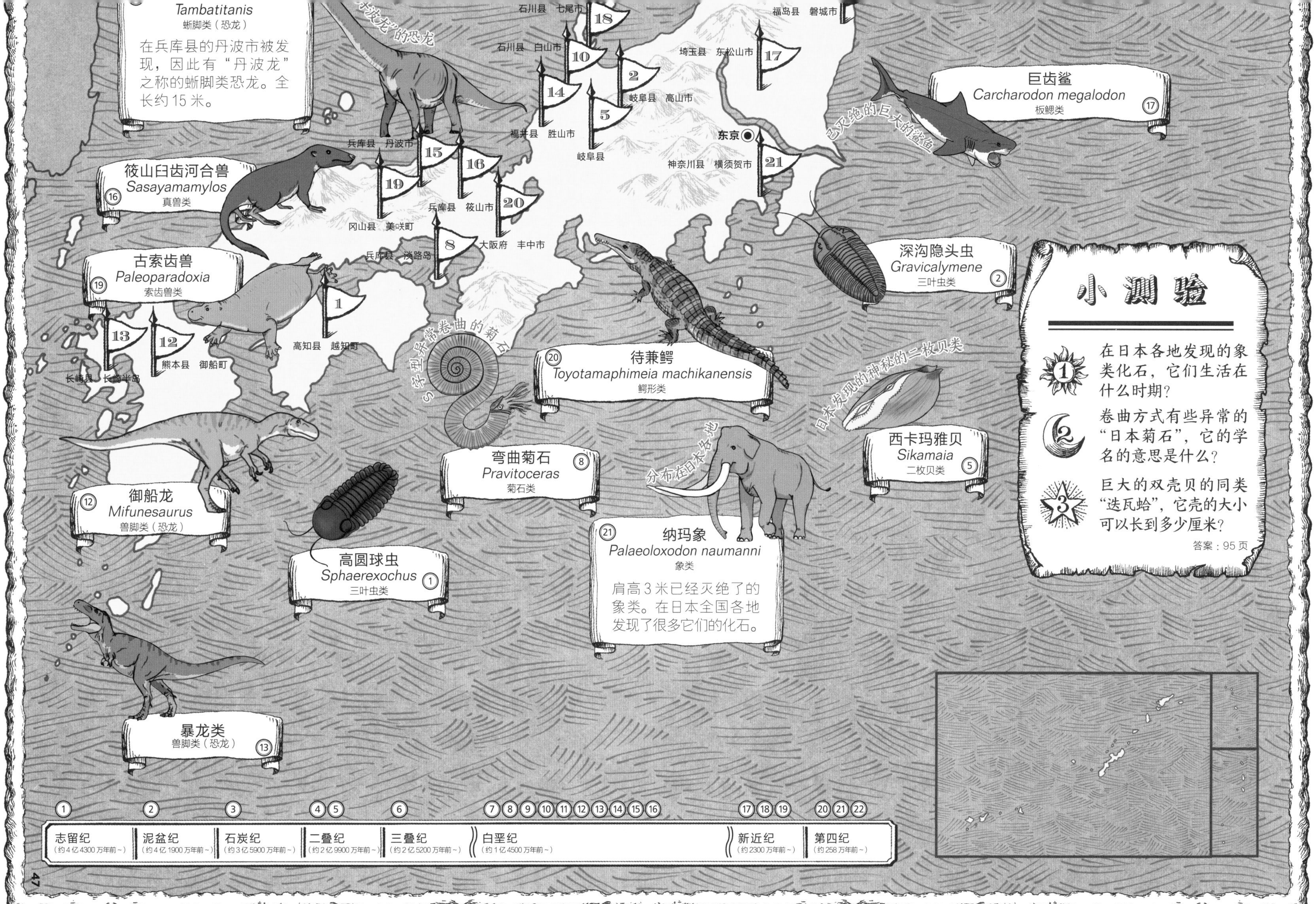

小测验

1. 在日本各地发现的象类化石，它们生活在什么时期？
2. 卷曲方式有些异常的"日本菊石"，它的学名的意思是什么？
3. 巨大的双壳贝，它壳的大小可以长到多少厘米？

答案：95页

⑰ 巨齿鲨 Carcharodon megalodon 板鳃类

② 深沟隐头虫 Gravicalymene 三叶虫类

⑤ 西卡玛雅贝 Sikamaia 二枚贝类

㉑ 纳玛象 Palaeoloxodon naumanni 象类
肩高3米已经灭绝了的象类。在日本全国各地发现了很多它们的化石。

⑳ 待兼鳄 Toyotamaphimeia machikanensis 鳄形类

⑧ 弯曲菊石 Pravitoceras 菊石类

① 高圆球虫 Sphaerexochus 三叶虫类

⑬ 暴龙类（恐龙）兽脚类

⑫ 御船龙 Mifunesaurus 兽脚类（恐龙）

⑲ 古索齿兽 Paleoparadoxia 索兽类

⑯ 筱山白齿河合兽 Sasayamamylos 真兽类

Tambatitanis（恐龙）蜥脚类
在兵库县的丹波市被发现，因此有"丹波龙"之称的蜥脚类恐龙。全长约15米。

福岛县 磐城市 ⑰
神奈川县 横须贺市 ㉑
埼玉县 东松山市
岐阜县 高山市 ②
岐阜县 ⑤
东京 ●
石川县 白山市 ⑱ ⑩ ⑭
福井县 胜山市
福井县 丰中市 ⑳
兵库县 ⑱ ⑮ ⑲
兵库县 丹波市
兵库县 淡路岛 ⑯ ⑧
大阪府
冈山县
高知县 越知町 ①
熊本县 御船町 ⑫
长崎县 长崎半岛 ⑲

志留纪（约4亿4300万年前~） | 泥盆纪（约4亿1900万年前~） | 石炭纪（约3亿5900万年前~） | 二叠纪（约2亿9900万年前~） | 三叠纪（约2亿5200万年前~） | 白垩纪（约1亿4500万年前~） | 新近纪（约2300万年前~） | 第四纪（约258万年前~）

① ② ③ ④ ⑤ ⑥ ⑦ ⑧ ⑨ ⑩ ⑪ ⑫ ⑬ ⑭ ⑮ ⑯ ⑰ ⑱ ⑲ ⑳ 21 22

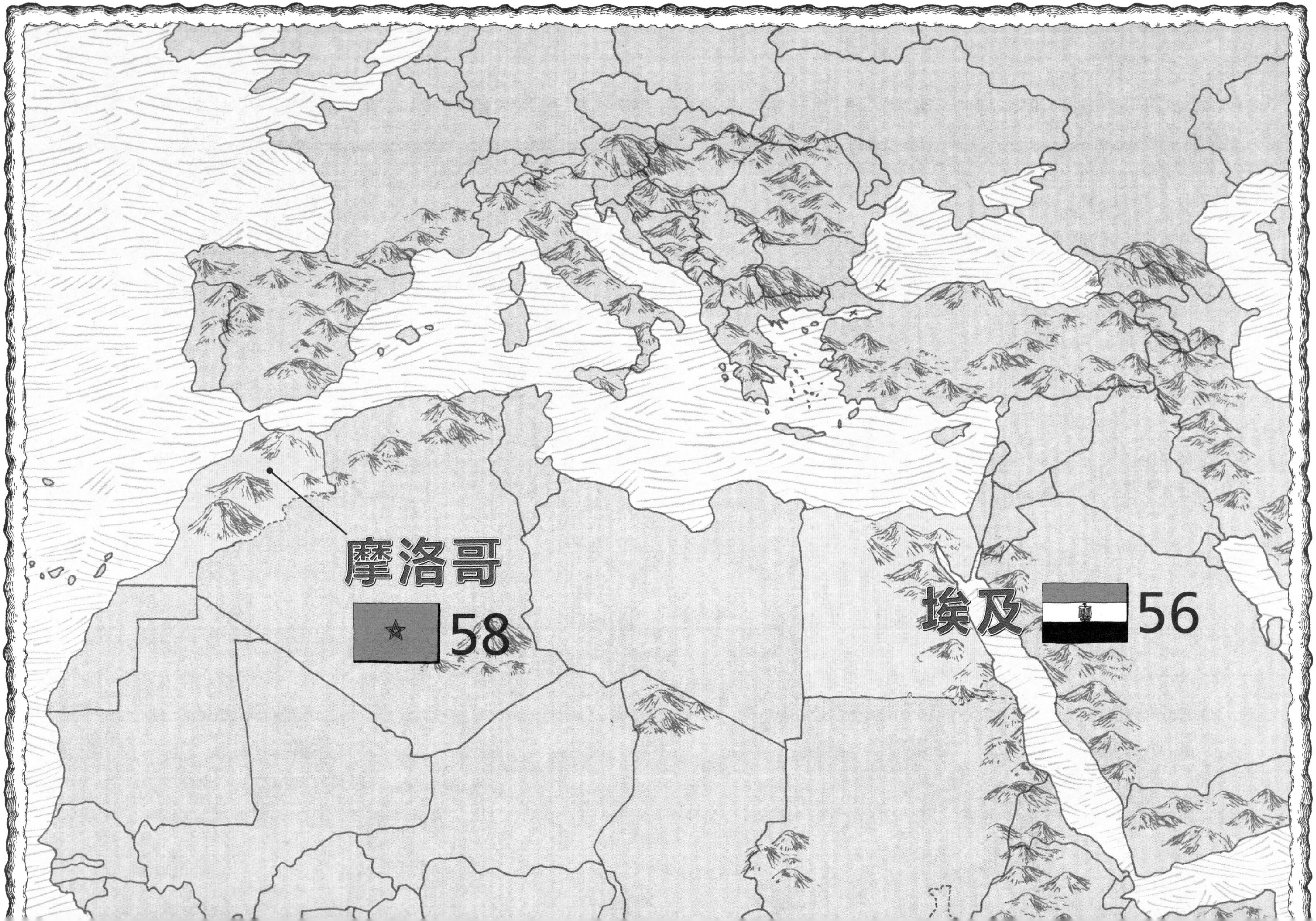

埃及 56

摩洛哥 58

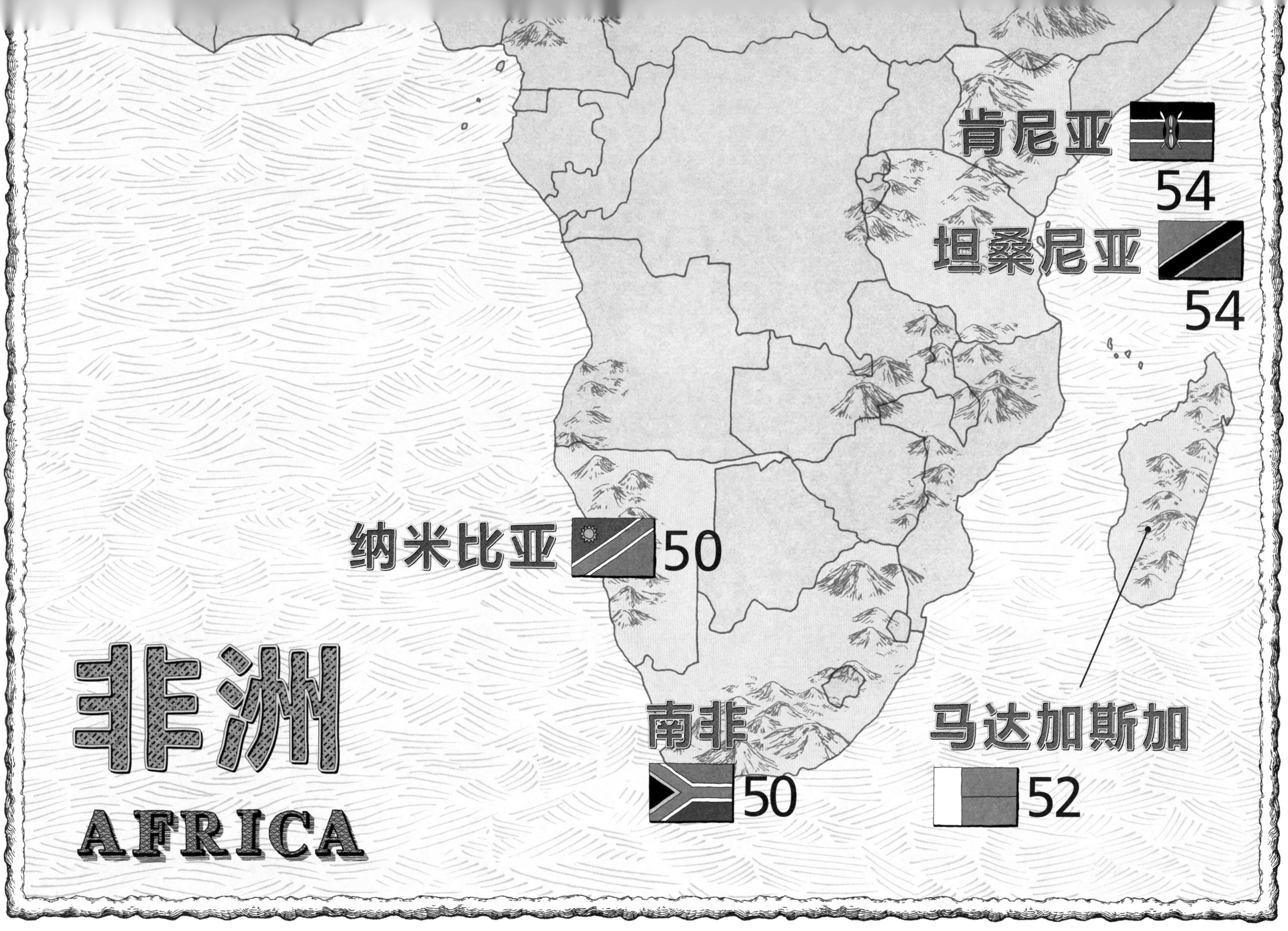

肯尼亚 54

坦桑尼亚 54

马达加斯加 52

南非 50

纳米比亚 50

非洲

AFRICA

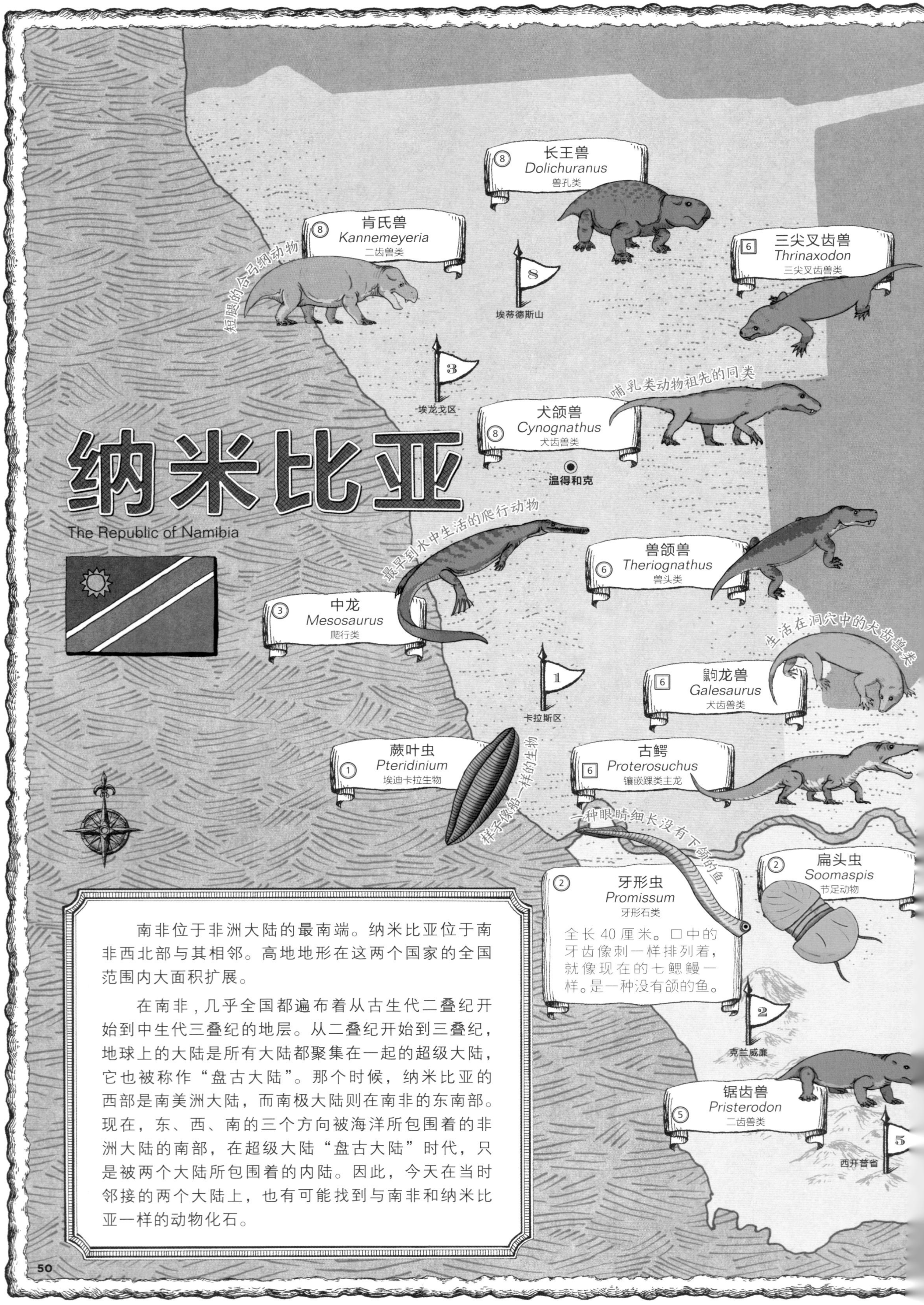

纳米比亚

The Republic of Namibia

⑧ 长王兽
Dolichuranus
兽孔类

埃蒂德斯山 ⑧

⑧ 肯氏兽
Kannemeyeria
二齿兽类

短腿的合弓纲动物

⑥ 三尖叉齿兽
Thrinaxodon
三尖叉齿兽类

哺乳类动物祖先的同类

埃龙戈区 ③

⑧ 犬颌兽
Cynognathus
犬颌兽类

◉ 温得和克

最早到水中生活的爬行动物

③ 中龙
Mesosaurus
爬行类

⑥ 兽颌兽
Theriognathus
兽头类

生活在洞穴中的犬齿兽类

卡拉斯区 ①

⑥ 駒龙兽
Galesaurus
犬齿兽类

① 蕨叶虫
Pteridinium
埃迪卡拉生物

样子像船一样的生物

⑥ 古鳄
Proterosuchus
镶嵌踝类主龙

一种眼睛细长没有下颌的鱼

② 牙形虫
Promissum
牙形石类

全长40厘米。口中的
牙齿像刺一样排列着，
就像现在的七鳃鳗一
样。是一种没有颌的鱼。

② 扁头虫
Soomaspis
节足动物

克兰威廉 ②

⑤ 锯齿兽
Pristerodon
二齿兽类

西开普省 ⑤

南非位于非洲大陆的最南端。纳米比亚位于南非西北部与其相邻。高地地形在这两个国家的全国范围内大面积扩展。

在南非，几乎全国都遍布着从古生代二叠纪开始到中生代三叠纪的地层。从二叠纪开始到三叠纪，地球上的大陆是所有大陆都聚集在一起的超级大陆，它也被称作"盘古大陆"。那个时候，纳米比亚的西部是南美洲大陆，而南极大陆则在南非的东南部。现在，东、西、南的三个方向被海洋所包围着的非洲大陆的南部，在超级大陆"盘古大陆"时代，只是被两个大陆所包围着的内陆。因此，今天在当时邻接的两个大陆上，也有可能找到与南非和纳米比亚一样的动物化石。

埃迪卡拉纪 （约6亿3500万年前～）	奥陶纪 （约4亿8500万年前～）	志留纪 （约4亿4400万年前～）	泥盆纪 （约4亿1900万年前～）	石炭纪 （约3亿5900万年前～）	二叠纪 （约2亿9900万年前～）	三叠纪 （约2亿5200万年前～）	侏罗纪 （约2亿100万年前～）	白垩纪 （约1亿4500万年前～）	第四纪 （约258万年前～）
①	②				③④⑤ ⑥⑦	⑥⑧⑨	⑩		⑪

能人
Homo habilis
人类 ⑪

最古老的人类

大椎龙 ⑩
Massospondylus
原蜥脚类（恐龙）

全长 4.3 米左右的植食恐龙。已经发现了从幼体到成年各种大小不一的化石。

全身有绒毛的原蜥脚类恐龙

在世界各地都有发现是大陆漂移说的证据

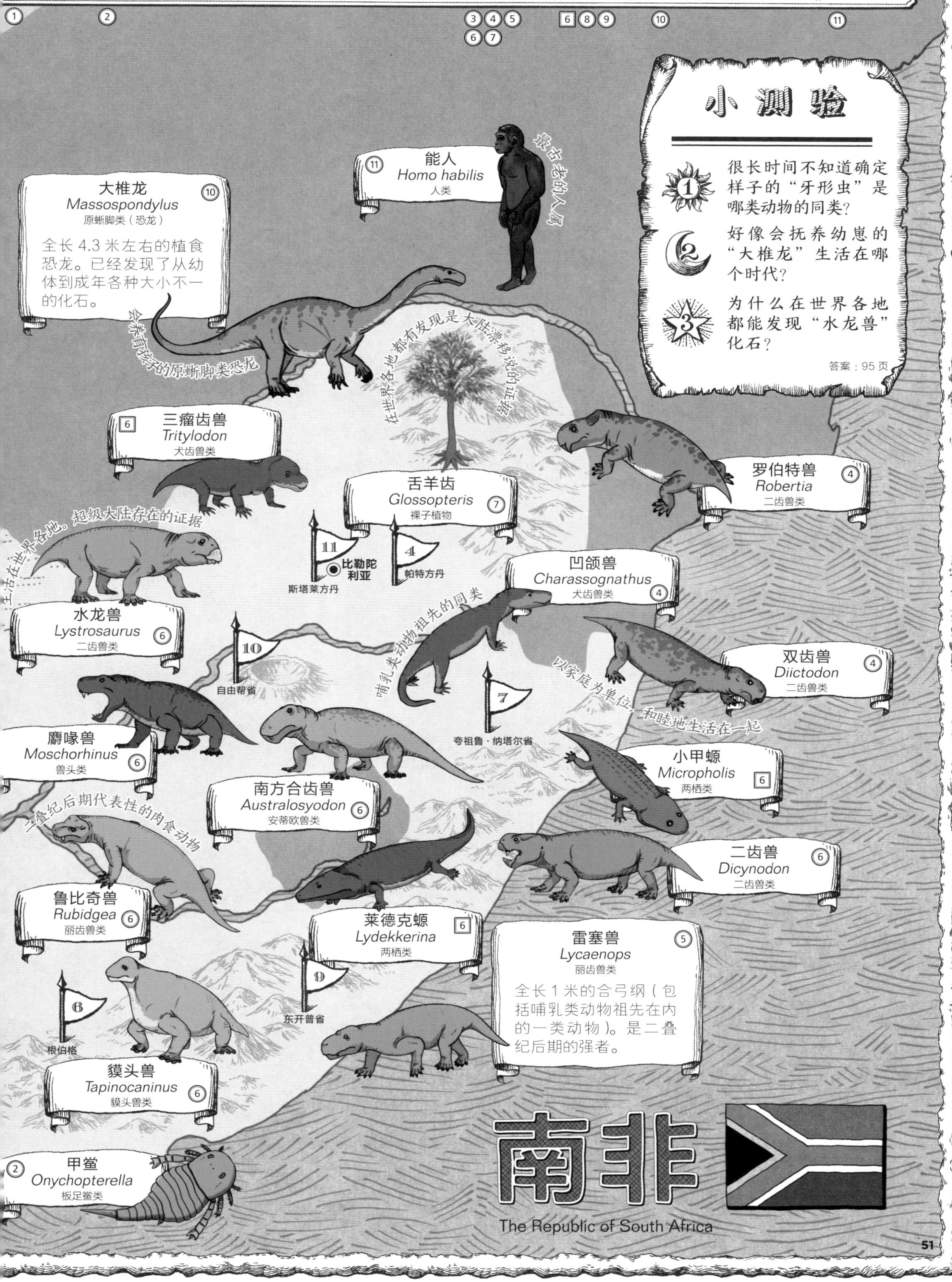

小测验

①很长时间不知道确定样子的"牙形虫"是哪类动物的同类？

②好像会抚养幼崽的"大椎龙"生活在哪个时代？

③为什么在世界各地都能发现"水龙兽"化石？

答案：95 页

三瘤齿兽 ⑥
Tritylodon
犬齿兽类

生活在世界各地。超级大陆存在的证据

舌羊齿 ⑦
Glossopteris
裸子植物

罗伯特兽 ④
Robertia
二齿兽类

11 比勒陀利亚
斯塔莱方丹

4 帕特方丹

水龙兽 ⑥
Lystrosaurus
二齿兽类

哺乳类动物祖先的同类

10
自由帮省

凹颌兽 ④
Charassognathus
犬齿兽类

以家庭为单位，和睦地生活在一起

双齿兽 ④
Diictodon
二齿兽类

麝喙兽 ⑥
Moschorhinus
兽头类

二叠纪后期代表性的肉食动物

7
夸祖鲁·纳塔尔省

小甲螈 ⑥
Micropholis
两栖类

南方合齿兽 ⑥
Australosyodon
安蒂欧兽类

二齿兽 ⑥
Dicynodon
二齿兽类

鲁比奇兽 ⑥
Rubidgea
丽齿兽类

莱德克螈 ⑥
Lydekkerina
两栖类

9
东开普省

雷塞兽 ⑤
Lycaenops
丽齿兽类

全长 1 米的合弓纲（包括哺乳类动物祖先在内的一类动物）。是二叠纪后期的强者。

6
根伯格

貘头兽 ⑥
Tapinocaninus
貘头兽类

甲鲎 ②
Onychopterella
板足鲎类

南非
The Republic of South Africa

马达加斯加

The Republic of Madagascar

马达加斯加是一个位于非洲大陆东南方向的岛屿，它南北长，东西窄，是世界上第四大岛。

马达加斯加在中生代白垩纪后期，与现在是亚洲一部分的印度相连。在那之前，它与澳大利亚大陆和南极大陆是一体的；再之前，它是非洲大陆上的一部分。因此，在马达加斯加西北部都有被发现恐龙化石，在那些时代这里生活在那些大陆上的。

另一方面，在白垩纪时的马达加斯加，海拔低的地区沉入海中。在这些地方发现了很多菊石等生活在海洋中的生物的化石。

⑤ 三叠蛙 *Triadobatrachus* 两栖类
全长11厘米左右。与现在的蛙类相比，有长着小尾巴、四肢比较长的特征。

① 纹鹦鹉螺 *Liroceras* 鹦鹉螺类

④ 腔棘鱼 *Coelacanthus* 腔棘鱼类
生活在三叠纪的腔棘鱼

⑦ 玛君龙 *Majungasaurus* 兽脚类（恐龙）
全长6米的肉食恐龙，双眼上面长有小角。

前肢短小，可爱的肉食恐龙

⑦ 拉伯龙 *Lapparentosaurus* 蜥脚类（恐龙）

⑦ 沟椎龙 *Bothriospondylus* 蜥脚类（恐龙）

① 环叶菊石 *Cyclolobus* 菊石类

⑧ 副波角石 *Cymatoceras* 鹦鹉螺类

⑦ 泰坦龙 *Titanosaurus* 蜥脚类（恐龙）

⑧ 帝菊石 *Desmoceras* 菊石类

⑧ 后高得利菊石 *Anagaudryceras* 菊石类
在马达加斯加可以发现各种各样的菊石化石。这种壳上的凹凸很明显的"后高得利菊石"，是在日本也能发现的菊石之一。

安齐拉纳纳
最古老的蛙化类
迪亚纳区
安纳布拉努
马哈赞加
安巴里马宁加
安卡万德拉
塔那那利佛

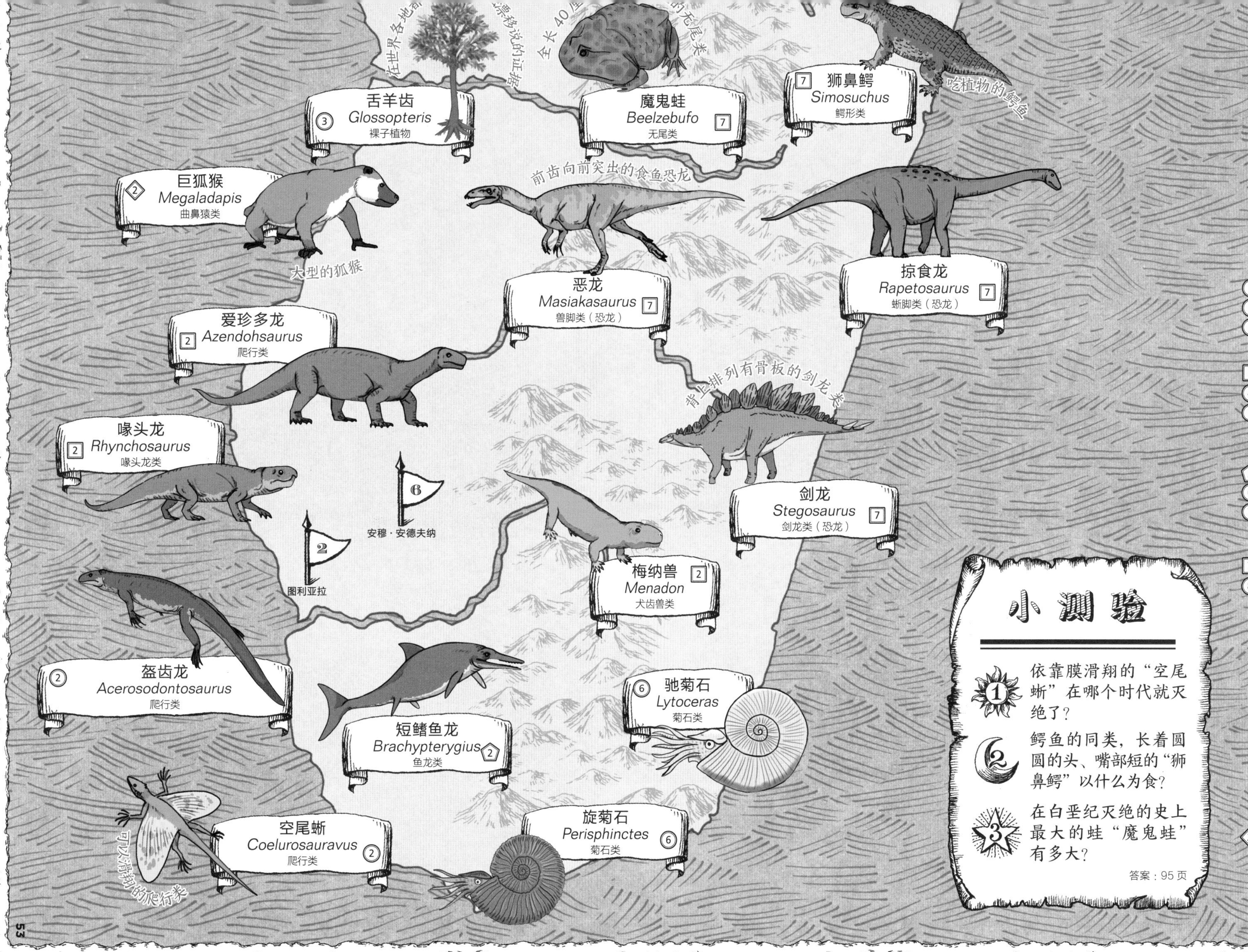

志留纪	泥盆纪	石炭纪	二叠纪	三叠纪	侏罗纪	白垩纪	古近纪	新近纪	第四纪
(约4亿4400万年前~)	(约4亿1900万年前~)	(约3亿5900万年前~)	(约2亿9900万年前~)	(约2亿5200万年前~)	(约2亿100万年前~)	(约1亿4500万年前~)	(约6600万年前~)	(约2300万年前~)	(约258万年前~)

①②③ ②④⑤ ◇⑥⑦ ⑦⑧ ◇

答案：95页

小测验

1. 依靠膜滑翔的"空尾蜥"在哪个时代就灭绝了？

2. 鳄鱼的同类，长着短圆鼻鳄"以什么为食？

3. 在白垩纪灭绝的史上"最大的蛙"魔鬼蛙"有多大？

吃植物的鳄鱼
狮鼻鳄 *Simosuchus* 7 鳄形类

掠食龙 *Rapetosaurus* 7 蜥脚类（恐龙）

剑龙 *Stegosaurus* 7 剑龙类（恐龙）

背上有一排有骨板的剑龙类

古老的无尾类
魔鬼蛙 *Beelzebufo* 7 无尾类

梅纳兽 *Menadon* 2 大齿兽类

驰菊石 *Lytoceras* 6 菊石类

旋菊石 *Perisphinctes* 6 菊石类

前齿向前突出的食鱼恐龙
恶龙 *Masiakasaurus* 7 兽脚类（恐龙）

大陆漂移说的证据

舌羊齿 *Glossopteris* 3 裸子植物

短鳍鱼龙 *Brachypterygius* 2 鱼龙类

大型的狐猴
巨狐猴 *Megaladapis* ◇ 曲鼻猴类

安德鲁·安德夫纳 B

奥利亚拉 2

空尾蜥 *Coelurosauravus* 2 爬行类

爱珍多龙 *Azendohsaurus* 2 爬行类

喙头龙 *Rhynchosaurus* 2 喙头龙类

盔齿龙 *Acerosodontosaurus* 2 爬行类

可以滑翔的爬行类

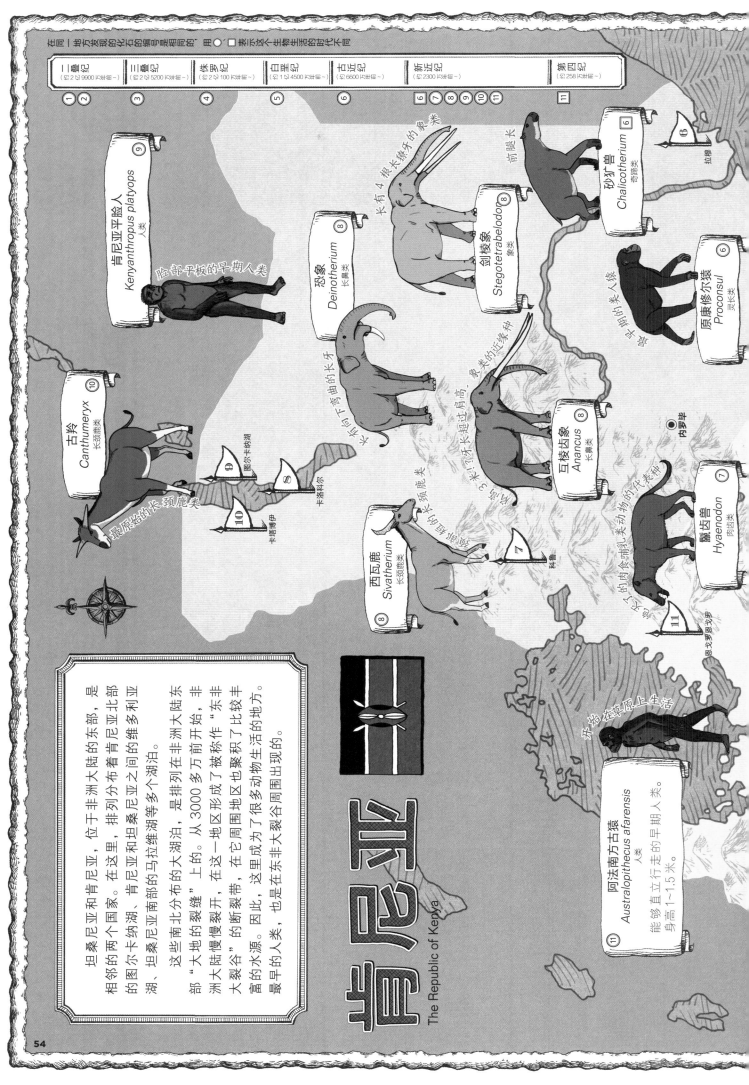

二叠纪（约2亿9900万年前~）	三叠纪（约2亿5200万年前~）	侏罗纪（约2亿100万年前~）	白垩纪（约1亿4500万年前~）	古近纪（约6600万年前~）	新近纪（约2300万年前~）	第四纪（约258万年前~）

① ②　③　④　⑤　⑥　⑥ ⑦ ⑧ ⑨ ⑩ ⑪　⑪

肯尼亚平脸人 Kenyanthropus platyops ⑨ 人类
脸部平板的早期人类

恐象 Deinotherium ⑧ 长鼻类
长有向下弯曲的长牙

长有4根长獠牙的象类

剑棱象 Stegotetrabelodon ⑧ 象类
象类的近祖种

前腿长

砂犷兽 Chalicotherium ⑥ 奇蹄类

拉犍类 Ⓑ

原康修尔猿 Proconsul ⑥ 灵长类
早期的类人猿

古羚 Canthumeryx ⑩ 长颈鹿类
最原始的长颈鹿类

西瓦鹿 Sivatherium ⑧ 长颈鹿类

豇棱齿象 Anancus ⑧ 长鼻类

鬣齿兽 Hyaenodon ⑦ 肉齿类

阿法南方古猿 Australopithecus afarensis ⑪ 人类
能够直立行走的早期人类。
身高1~1.5米。

开始在草原上生活

图尔卡纳湖　卡塔博伊　卡普科尔　科鲁　恩戈罗恩戈罗　内罗毕

肯尼亚
The Republic of Kenya

坦桑尼亚和肯尼亚，位于非洲大陆的东部，是相邻的两个国家。在这里，排列分布着肯尼亚北部的图尔卡纳湖、肯尼亚和坦桑尼亚之间的维多利亚湖、坦桑尼亚南部的马拉维湖等多个湖泊。

这些南北分布的大湖泊，是排列在非洲大陆东部"大地的裂缝"上的。从3000多万年前开始，非洲大陆慢慢裂开，在这一地区形成了被称作"东非大裂谷"的断断续续的裂带。因此，它周围地区也聚积了比较丰富的水源。因此，它周围地区也聚积了很多动物生活的地方。

最早的人类，也是在东非大裂谷周围出现的。

坦桑尼亚
The United Republic of Tanzania

坦噶蜥
Tangasaurus
爬行类 ①

莱托氏橡树龙
Dysalotosaurus（恐龙）④

舌羊齿
Glossopteris
裸子植物 ①
漂说的证据

最早被正式命名的恐龙

斑龙
Megalosaurus
兽脚类（恐龙）④

● 达累斯萨拉姆

肯氏龙
Kentrosaurus
剑龙类（恐龙）④
背部前面的一半长着两排骨质甲板，后面着两排长尖刺。全长4米。

轻巧龙
Elaphrosaurus
兽脚类（恐龙）④

敦达古鲁翼龙
Tendaguripterus
翼龙类 ④

长颈巨龙
Giraffatitan
蜥脚类（恐龙）④

最古老的人属

能人
Homo habilis
人类 ⑪
生活在240万年前～160万年前的最古老的人属（与现在的人类一样的属）。身高为135厘米。

叉龙
Dicraeosaurus
蜥脚类（恐龙）④

二齿兽
Dicynodon
二齿兽类 ②

曾颌兽
Theriognathus
兽孔类 ②

早平齿龙
Scaphonyxs
喙头龙类 ③

翼手龙
Pterodactylus
翼龙类 ④

鲁夸巨龙
Rukwatitan
蜥脚类（恐龙）⑤

坦噶区　林迪区　松盖亚区　鲁伍马区　姆贝亚区

小测验
1. 能够直立行走的早期的人类被叫作什么？
2. 与现在的人类是同类的最古老的"能人"的身高是多少？
3. 有两种颈部比较短的长颈鹿的祖先曾经在肯尼亚生活过。它们分别叫什么名字？

答案：95页

55

史上最大的肉食哺乳类动物

大鬣兽
Megistotherium ③
肉齿类

头和躯干长为 3.5 米。属于已灭绝的肉食哺乳类动物，是"肉齿类"中最大的动物。

长着扁平的角，是原始的鹿类

原利比鹿
Prolibytherium ③
鲸偶蹄类

埃及猿
② *Aegyptopithecus*
灵长类

角齿鱼
Ceratodus ①
肺鱼类

潮汐龙
① *Paralititan*
蜥脚类（恐龙）

北非的王者

鲨齿龙
Carcharodontosaurus ①
兽脚类（恐龙）

全长 12 米的大型肉食恐龙。与暴龙相比，它具有长着 3 根手指，牙齿薄的特征。

长有北非帆的食鱼恐龙

棘龙
Spinosaurus ①
兽脚类（恐龙）

马古拉湖 ③

法尤姆 ②

巴哈利亚绿洲 ①

志留纪
（约4亿4400万年前～）

泥盆纪
（约4亿1900万年前～）

石炭纪
（约3亿5900万年前～）

二叠纪
（约2亿9900万年前～）

三叠纪
（约2亿5200万年前～）

侏罗纪
（约2亿100万年前～）

白垩纪
（约1亿4500万年前～）

古近纪
（约6600万年前～）

新近纪
（约2300万年前～）

第四纪
（约258万年前～）

① ② ③

埃及

The Arab Republic of Egypt

埃及位于非洲大陆的东北部，北接地中海，东连红海和苏伊士湾。因为地处撒哈拉沙漠的东侧，所以埃及的大部分地区是沙漠，不过在尼罗河流域等有限的地方分布有绿洲。

现在的埃及，沙漠广布，但是它在过去并不是这样，例如，在南部的巴哈利亚绿洲周围，以前就生活着许多大型的恐龙，这是这里曾经有茂盛的植被的证明。以前的海岸线位于现在的内陆的深处，现在的很多地区曾经是大海的底部。

恐龙灭绝后，那时的海岸线位于现在海岸线的南边，证据是那个有"鲸鱼谷"之称的地区在这里被发现。正像这个地方的名字那样，在这里发现了数千万年前鲸类祖先的化石。

象类的近缘种

嵌齿象 ③
Gomphotherium
长鼻类

上下都长有长牙的象类的近缘种。肩高达到了3米。

与猛犸象相似的象类

乳齿象 ③
Mastodon
象类

学名是"蜥蜴"的哺乳类动物

龙王鲸 ②
Basilosaurus
原鲸类

全长可达20米，是原始鲸类的同类。特征是头比较小。

身体后部长脚的"海豚"

矛齿鲸 ②
Dorudon
原鲸类

全长5米，是原始鲸类的同类。样子与现在的海豚相似，不过，矛齿鲸的后面长有脚。

小 测 验

① 北部非洲的王者"鲨齿龙"生活哪个时代里？

② 与现在海豚样子相似的鲸类的同类"矛齿鲸"和海豚有什么不同？

③ 包括"大鼠兽"在内的那一类肉食哺乳类动物叫什么？

答案：95页

摩洛哥

The Kingdom of Morocco

摩洛哥位于非洲大陆的西北部，海岸线从西部的大西洋沿岸一直延伸到东北部的地中海沿岸一带，与阿特拉斯山脉相连，陆地的东南部与撒哈拉沙漠西端相连。

现在，以阿特拉斯山脉为中心的山地占了摩洛哥大部分的国土。但在古生代时，这里几乎所有地区都是海底。特别是阿特拉斯山脉及其周围地区，因发现很多三叶虫等古生代海洋动物的化石而闻名。

此外，在东南部的撒哈拉沙漠中也找到了恐龙的化石。这些恐龙有很多与在埃及发现的恐龙属于同一类，因此也证明了在非洲大陆的北部曾是恐龙繁盛的地方。在恐龙时代，摩洛哥北部地区是大海，在那时的海中，被证明生活有大型的爬行动物。

彗星虫
Encrinurus
三叶虫类
⑤

头大得像草莓的三叶虫

以贝类为食的沧龙类

圆齿龙
Globidens
沧龙类
⑨

板踝龙
Platecarpus
沧龙类
⑨

海中的帝王

沧龙
Mosasaurus
沧龙类
⑨

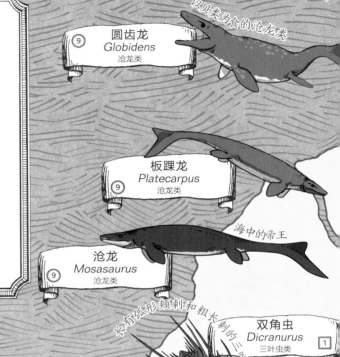

长有弧形颊刺和粗长刺的三叶虫

双角虫
Dicranurus
三叶虫类
①

马拉喀什
⑧

笠头螈
Diplocaulus
两栖类
⑧

全长1米。长有飞镖形的头部，随着年龄增长左右宽度会变大。被认为是在水中生活的。

长有飞镖形头部的笠头螈

像叉子一样的三叶虫

富姆宰吉

昂尼亚虫
Onnia
三叶虫类
④

头甲边缘像帽檐一样

海神虫
Walliserops
三叶虫类
⑥

乌拉尔虫
Uralichas
三叶虫类
④

身长60厘米，也是大型三叶虫

阿特拉斯山脉
④

圆月形镰虫
Selenopeltis
三叶虫类
④

脸部前部长得像"长抹刀"一样的三叶虫

普绪喀尾虫
Psychopyge
三叶虫类
⑥

长有4根粗大的刺

58

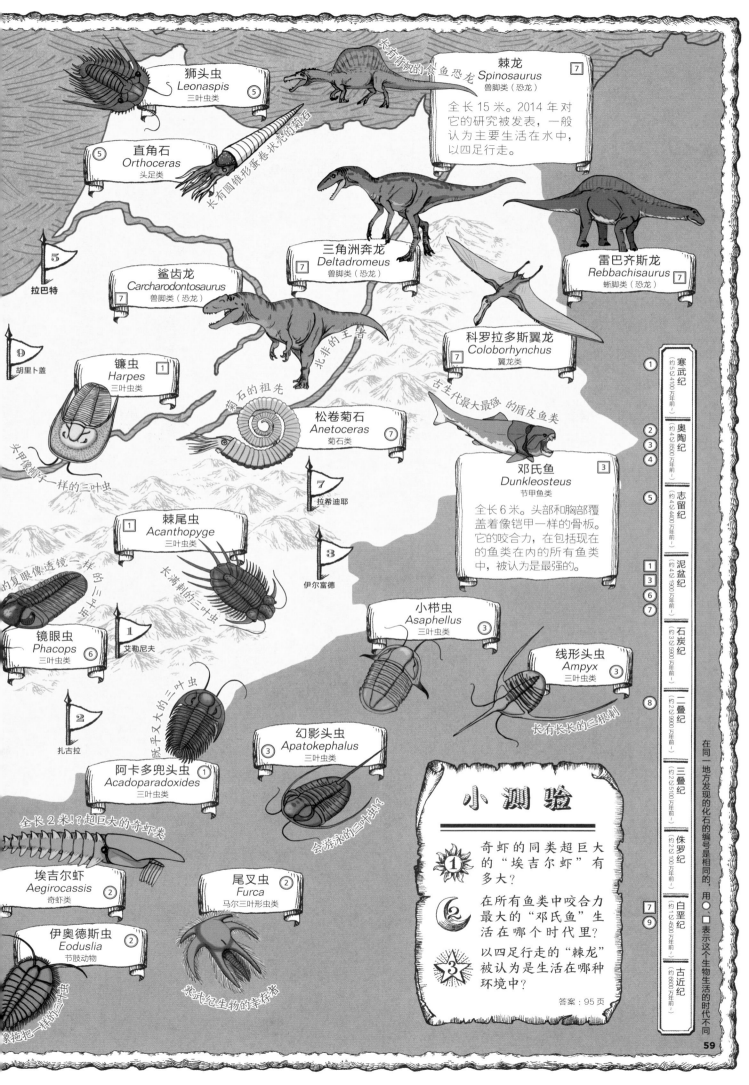

狮头虫
Leonaspis
三叶虫类 ⑤

长有圆锥形蛋卷状壳的菊石

直角石
Orthoceras
头足类 ⑤

长有背帆的食鱼恐龙

棘龙
Spinosaurus ⑦
兽脚类（恐龙）

全长 15 米。2014 年对它的研究被发表，一般认为主要生活在水中，以四足行走。

⑤
拉巴特

鲨齿龙
Carcharodontosaurus ⑦
兽脚类（恐龙）

三角洲奔龙
Deltadromeus ⑦
兽脚类（恐龙）

雷巴齐斯龙
Rebbachisaurus ⑦
蜥脚类（恐龙）

北非的王者

科罗拉多斯翼龙
Coloborhynchus ⑦
翼龙类

⑨
胡里卜盖

镰虫
Harpes ①
三叶虫类

甲像蝙子一样的三叶虫

菊石的祖先

松卷菊石
Anetoceras ⑦
菊石类

古生代最大最强的盾皮鱼类

⑦
拉希迪耶

邓氏鱼
Dunkleosteus ③
节甲鱼类

全长 6 米。头部和胸部覆盖着像铠甲一样的骨板。它的咬合力，在包括现在的鱼类在内的所有鱼类中，被认为是最强的。

棘尾虫
Acanthopyge ①
三叶虫类

长满刺的三叶虫

③
伊尔富德

的复眼像透镜一样密

小桥虫
Asaphellus ③
三叶虫类

镜眼虫
Phacops ⑥
三叶虫类

①
艾勒尼夫

线形头虫
Ampyx ③
三叶虫类

长有长长的三根刺

②
扎古拉

幻影头虫
Apatokephalus ③
三叶虫类

会游泳的三叶虫？

阿卡多兜头虫
Acadoparadoxides ①
三叶虫类

全长 2 米！？超巨大的奇虾类

埃吉尔虾
Aegirocassis ②
奇虾类

尾叉虫
Furca ②
马尔三叶形虫类

伊奥德斯虫
Eoduslia ②
节肢动物

象拖把一样的三叶虫

寒武纪生物的幸存者

小 测 验

1. 奇虾的同类超巨大的"埃吉尔虾"有多大？

2. 在所有鱼类中咬合力最大的"邓氏鱼"生活在哪个时代里？

3. 以四足行走的"棘龙"被认为是生活在哪种环境中？

答案：95 页

① 寒武纪（约5亿4100万年前）
② 奥陶纪（约4亿8500万年前）
③
④
⑤ 志留纪（约4亿4400万年前）
① 泥盆纪（约4亿1900万年前）
③
⑥
⑦
石炭纪（约3亿5900万年前）
二叠纪（约2亿9900万年前）
⑧
三叠纪（约2亿5100万年前）
侏罗纪（约2亿100万年前）
⑦
⑨ 白垩纪（约1亿4500万年前）
古近纪（约6600万年前）

在同一地方发现的化石的编号是相同的，用○、□表示这个生物生活的时代不同

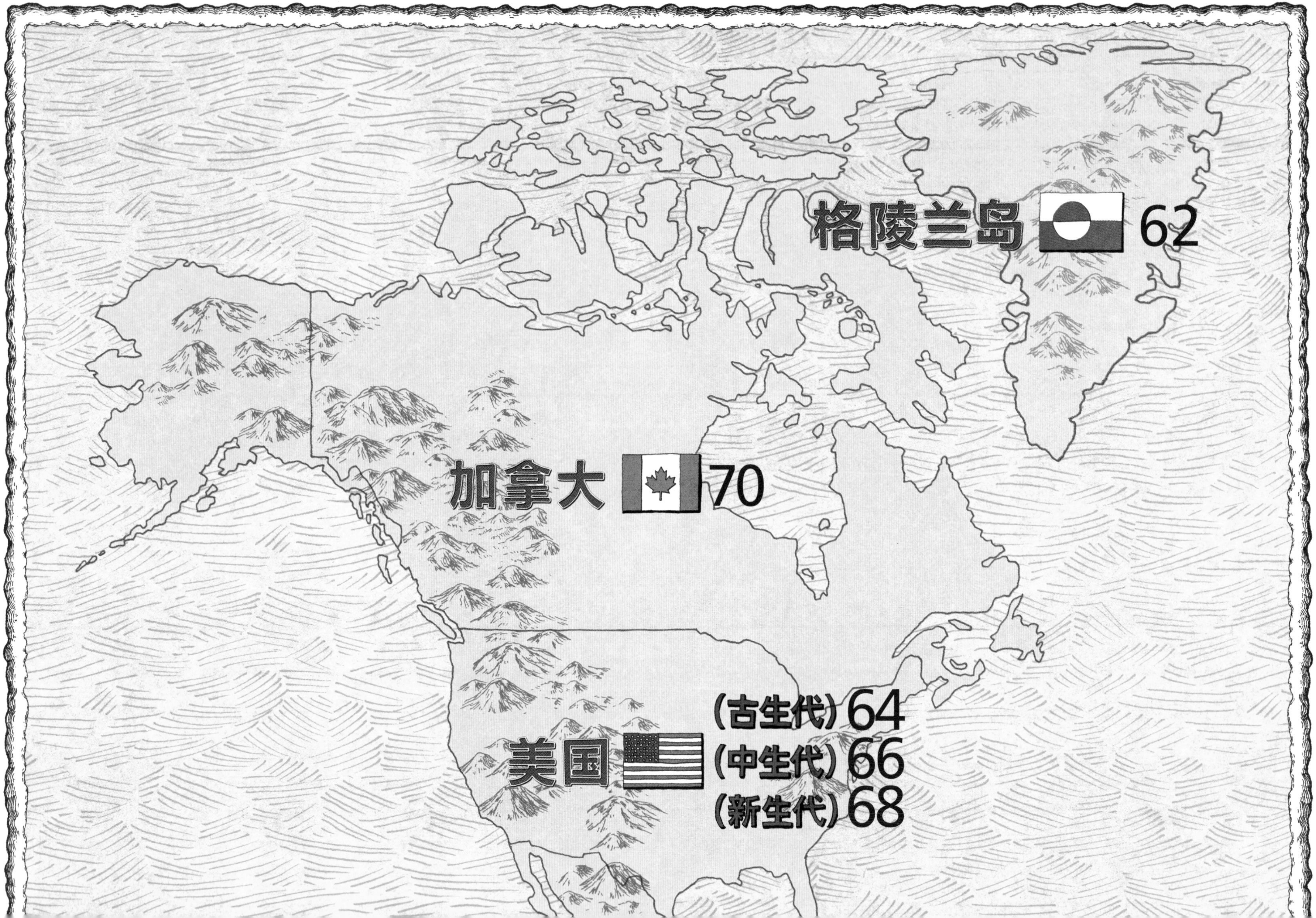

格陵兰岛 62

美国
(古生代) 64
(中生代) 66
(新生代) 68

加拿大 70

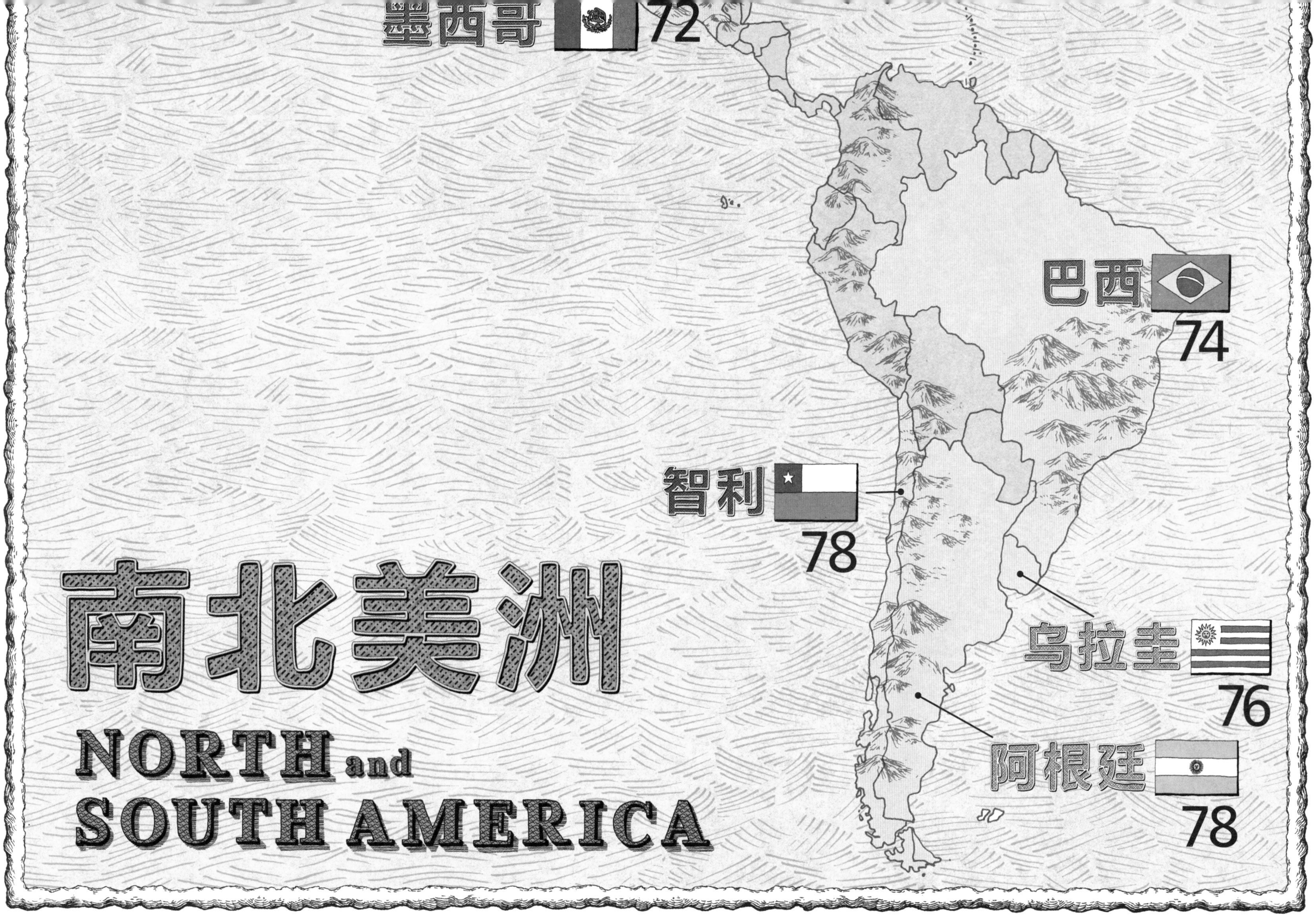

墨西哥 72

巴西 74

乌拉圭 76

阿根廷 78

智利 78

南北美洲
NORTH and
SOUTH AMERICA

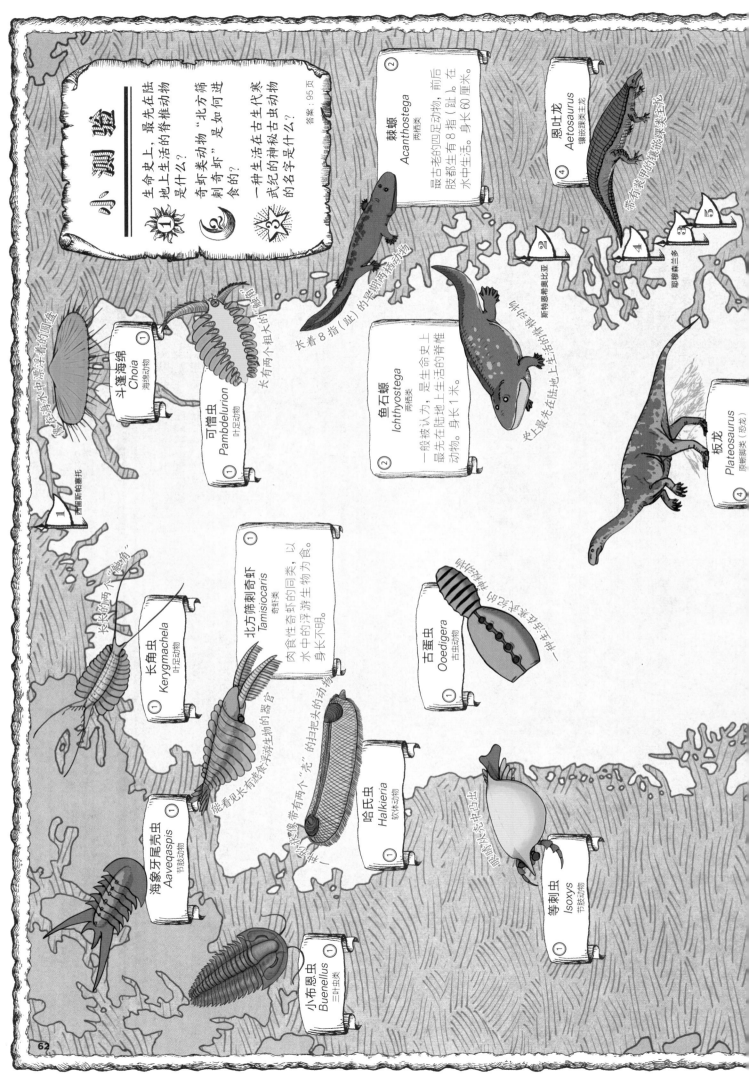

小测验

① 生命史上，最先在陆地上生活的脊椎动物是什么？

② 奇虾类动物"北方筛奇虾"是如何进食的？

③ 一种生活在古生代寒武纪类神秘的古虫动物的名字是什么？

答案：95页

② 棘螈 *Acanthostega* 两栖类
最古老的四足动物，前后肢都有8指（趾）。在水中生活。身长60厘米。

④ 恩吐龙 *Aetosaurus* 镶嵌踝类主龙
带有装甲的镶嵌踝类主龙

大者有8指（趾）的早期海洋动物

它是最先在陆地上生活的特征

斯特恩奥比亚

耶稣森兰多

斗篷海绵 *Choia* 海绵动物 ①
像是海水中漂浮着的圆盘

可憎虫 *Pambdelurion* 叶足动物 ①
长有两小组大的鳃部

鱼石螈 *Ichthyostega* 两栖类 ②
一般被认为，是生命史上最先在陆地上生活的脊椎动物。身长1米。

板龙 *Plateosaurus* 原蜥脚类（恐龙）④

长角虫 *Kerygmachela* 叶足动物 ①
长长的两个"獠牙"

北方筛奇虾 *Tamisiocaris* 奇虾类 ①
肉食性奇虾的同类，以水中的浮游生物为食。身长不明。

古蛋虫 *Oedigera* 古虫动物 ①
吴在浮游和附着生活之间的一种生活

海象牙尾壳虫 *Aaveqaspis* 节肢动物 ①
能看见长有捕获浮游生物的器官

哈氏虫 *Halkieria* 软体动物 ①
好像带有两个"壳"的可把头部浮游生物的动物

等刺虫 *Isoxys* 节肢动物 ①
眼睛从水壳中凸出

小布恩虫 *Buenellus* 三叶虫类 ①

62

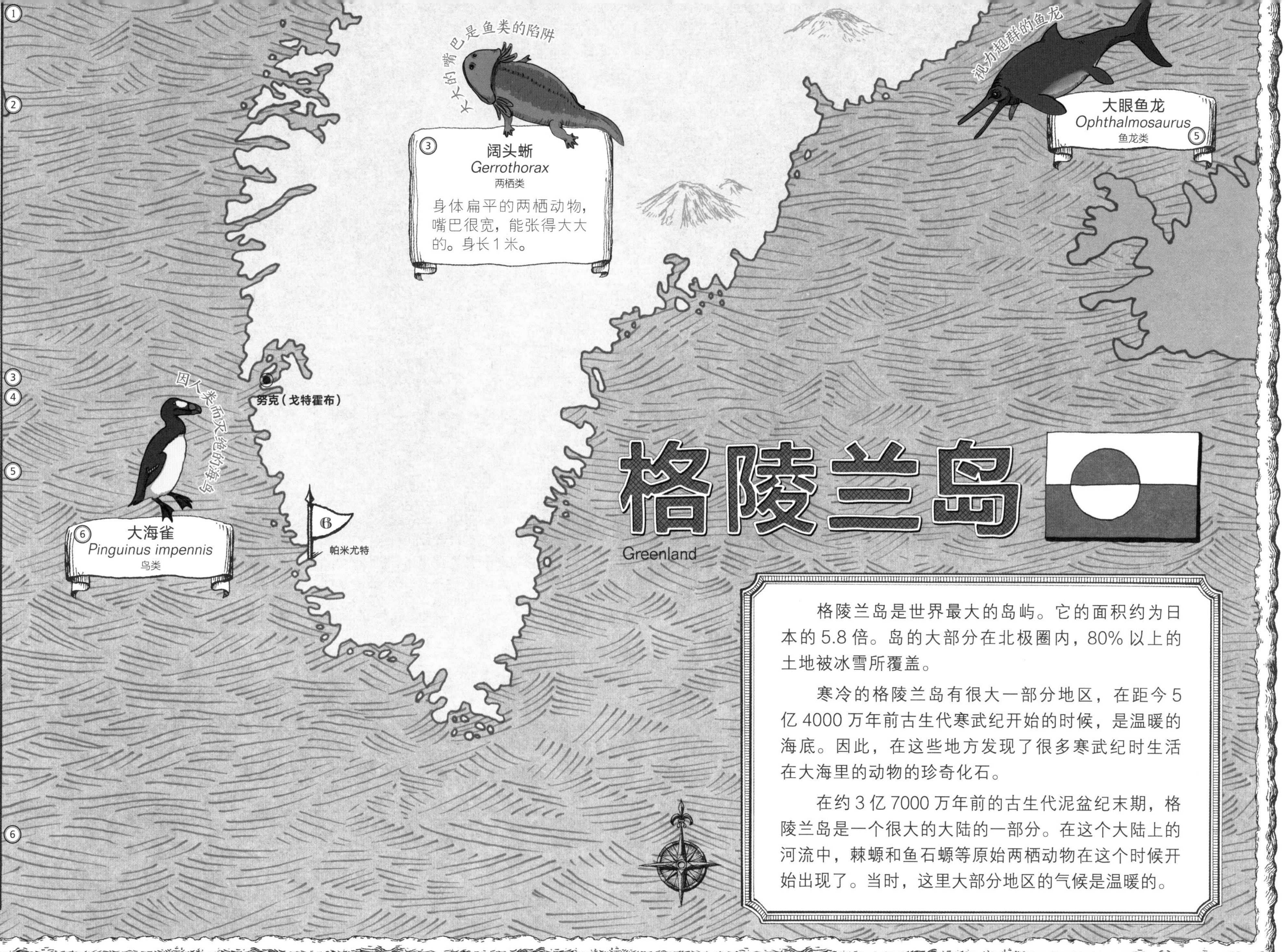

格陵兰岛
Greenland

格陵兰岛是世界最大的岛屿。它的面积约为日本的5.8倍。岛的大部分在北极圈内，80%以上的土地被冰雪所覆盖。

寒冷的格陵兰岛有很大一部分地区，在距今5亿4000万年前古生代寒武纪开始的时候，是温暖的海底。因此，在这些地方开始发现了很多寒武纪时生活在大海里的动物的珍贵化石。

在约3亿7000万年前的古生代泥盆纪末期，格陵兰岛是一个很大的大陆的一部分。在这个大陆上的河流中，棘螈和鱼石螈等原始两栖动物在这个时期开始出现了。当时，这里大部分地区的气候是温暖的。

⑤ 大眼鱼龙
Ophthalmosaurus
鱼龙类
猎食鱼类的温顺鱼龙 是鱼类的陷阱

③ 阔头螈
Gerrothorax
两栖类
身体扁平的两栖动物，嘴巴很宽，能张得大大的。身长1米。

⑥ 大海雀
Pinguinus impennis
鸟类
因人类而灭绝的海鸟

努克（戈特霍布）
⑱ 帕米尤特

1 寒武纪（约5亿4100万年前~）
2 泥盆纪（约4亿1900万年前~）
石炭纪（约3亿5900万年前~）
二叠纪（约2亿9900万年前~）
3 4 三叠纪（约2亿5200万年前~）
5 侏罗纪（约2亿100万年前~）
白垩纪（约1亿4500万年前~）
古近纪（约6600万年前~）
新近纪（约2300万年前~）
6 第四纪（约258万年前~）

63

美国（古生代）

The United States of America

长有棘突的鲨鱼类

镰形鲨
Falcatus
板鳃类
⑥

长有不可思议的牙齿，是黑线银鲛的同类

旋齿鲨
Helicoprion
全头类
⑧

在前店里可以买到，是最常见的三叶虫化石

爱雷斯虫
Elrathia
三叶虫类
①

⑥ 蒙大拿州

⑧ 爱达荷州

塔利怪物
Tullimonstrum
无脊椎动物
⑦

一种神秘的生物，长有细长的吻部，眼睛长在两个左右伸出的轴的前端。全长40厘米。

正体不明！谜一样的无脊椎

杯鼻龙
Cotylorhynchus
盘龙类
⑨

相对于身体而言头很小

① 犹他州米勒得郡
最常见的三叶虫化石

双角虫
Dicranurus
三叶虫类
④

长有弧形额刺和粗长刺的三

引螈
Eryops
两栖类
⑨

史上最强壮的两栖类

长有健壮四肢的两栖类

蜥螈
Seymouria
两栖类
⑨

棘尾虫
Acanthopyge
三叶虫类
④

长满刺的三叶虫类

俄克拉何马州 ④

古蛙
Gerobatrachus
两栖类
⑨

蝾螈和青蛙

笠头螈
Diplocaulus
两栖类
⑨

长有飞镖形的头

得克萨斯州 ⑨

长有高大背帆，二叠纪前期的王者

异齿龙
Dimetrodon
盘龙类
⑨

长有强而有力的下颌，全长3米的合弓纲动物。背上的背帆被认为可以用来调节体温。

现在的美国，是由北美洲大陆的南半部地区和西北部地区，以及很多岛屿组成的国家。其中，北美洲大陆南半部地区，东边有阿巴拉契亚山脉，西边有落基山脉，在它们中间，是广阔的平原。

古生代时，美国大部分地区是从热带到温带温暖的海洋的洋底。那时，这片海洋中的很多生物都非常繁盛，因此，所有古生代生活在海洋中的动物的化石，在美国几乎都可以发现。

在接近古生代末期的时候，美国的陆地面积逐渐增加，到了石炭纪后半期，森林的面积也大大地扩展了。之后，到了古生代的最后一个纪二叠纪的时候，西部的大部分地区成为了可以看得到的陆地。

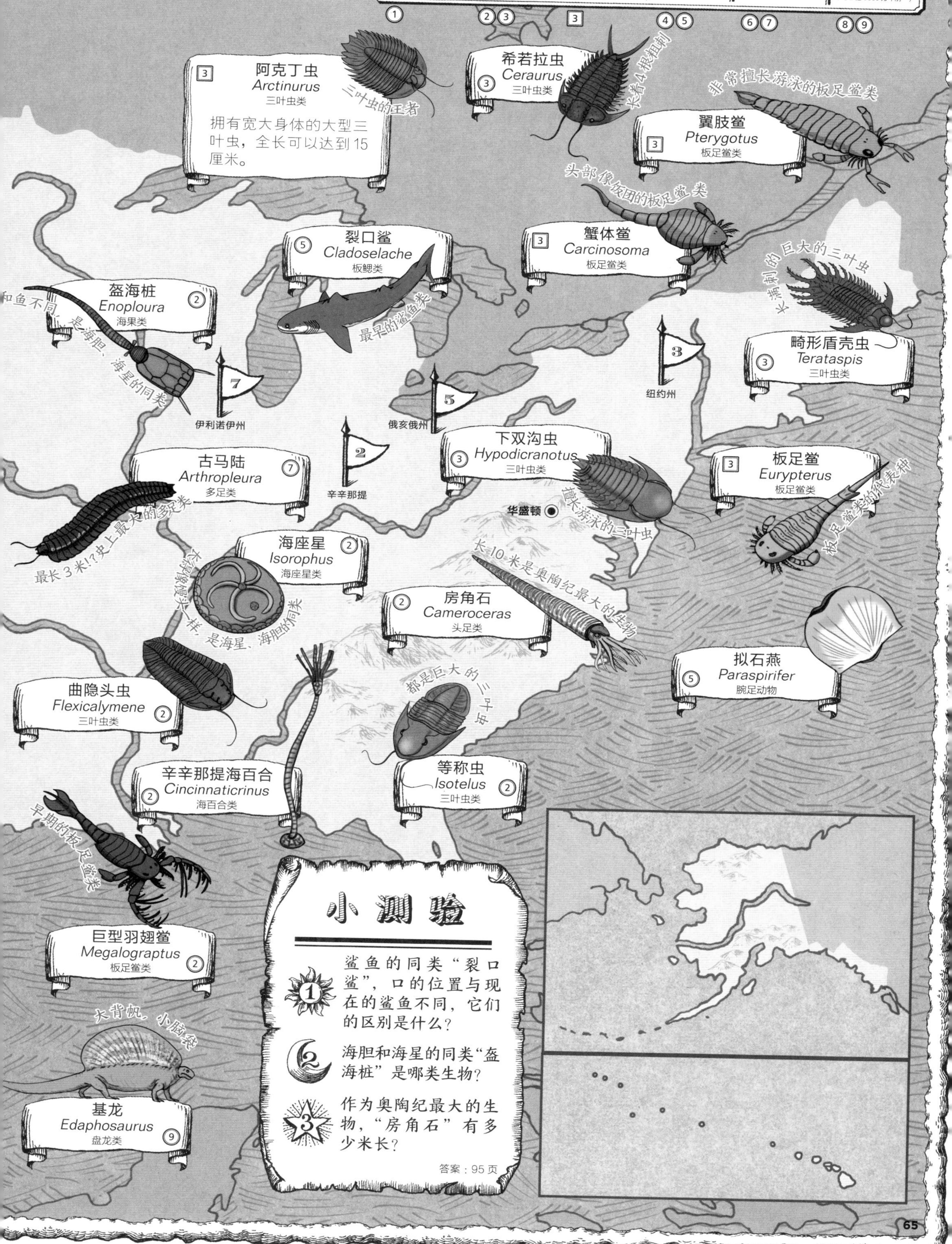

在同一地方发现的化石的编号是相同的，用○、□表示这个生物生活的时代不同

寒武纪（约5亿4100万年前~）	奥陶纪（约4亿8500万年前~）	志留纪（约4亿4400万年前~）	泥盆纪（约4亿1900万年前~）	石炭纪（约3亿5900万年前~）	二叠纪（约2亿9900万年前~）
①	② ③	③	④ ⑤	⑥ ⑦	⑧ ⑨

③ 阿克丁虫
Arctinurus
三叶虫类

三叶虫的王者

拥有宽大身体的大型三叶虫，全长可以达到15厘米。

③ 希若拉虫
Ceraurus
三叶虫类

长着4根刺剑

非常擅长游泳的板足鲎类

③ 翼肢鲎
Pterygotus
板足鲎类

头部像螃蟹的板足鲎类

③ 蟹体鲎
Carcinosoma
板足鲎类

满身的巨大的三叶虫

⑤ 裂口鲨
Cladoselache
板鳃类

最早的鲨鱼类

② 盔海桩
Enoploura
海果类

和鱼不同，是海胆、海星的同类

③ 畸形盾壳虫
Terataspis
三叶虫类

⑦

伊利诺伊州

③

纽约州

⑤

俄亥俄州

②

辛辛那提

③ 下双沟虫
Hypodicranotus
三叶虫类

善于游泳的三叶虫

□ 板足鲎
Eurypterus
板足鲎类

板足鲎类的代表种

⑦ 古马陆
Arthropleura
多足类

最长3米!?史上最大的多足类

② 海座星
Isorophus
海座星类

是海星、海胆的同类

② 房角石
Cameroceras
头足类

长10米，是奥陶纪最大的生物

⑤ 拟石燕
Paraspirifer
腕足动物

华盛顿

② 曲隐头虫
Flexicalymene
三叶虫类

都是巨大的三叶虫

② 辛辛那提海百合
Cincinnaticrinus
海百合类

② 等称虫
Isotelus
三叶虫类

早期的板足鲎类

② 巨型羽翅鲎
Megalograptus
板足鲎类

大背帆，小脑袋

⑨ 基龙
Edaphosaurus
盘龙类

小 测 验

1 鲨鱼的同类"裂口鲨"，口的位置与现在的鲨鱼不同，它们的区别是什么？

2 海胆和海星的同类"盔海桩"是哪类生物？

3 作为奥陶纪最大的生物，"房角石"有多少米长？

答案：95页

美国（中生代）

The United States of America

埃德蒙顿甲龙
Edmontonia 11
甲龙类（恐龙）

肩部长有巨大的骨钉

以群体方式猎食

11 蒙大拿州

恐爪龙 11
Deinonychus
兽脚类（恐龙）

霸王龙！

暴龙 9
Tyrannosaurus
兽脚类（恐龙）

全长12米，最强大的肉食恐龙。那样强大的下颌，拥有咬碎所有猎物骨头的力量。

圆顶龙 5
Camarasaurus
蜥脚类（恐龙）

迁徙的恐龙

9 怀俄明州

甲龙 9
Ankylosaurus
甲龙类（恐龙）

甲龙类的代表种

头像石头一样的恐龙

10 南达科他州

剑龙 5
Stegosaurus
剑龙类（恐龙）

背上排列着骨板

厚头龙 9
Pachycephalosaurus
厚头龙类（恐龙）

1

侏罗纪的王者

内华达州

秀尼鱼龙 1
Shonisaurus
鱼龙类

最长的鱼龙类

现代鳄类"进化的开始"

原鳄 2
Protosuchus
鳄形类

5 科罗拉多州

异特龙 5
Allosaurus
兽脚类（恐龙）

4

新墨西哥州

海王龙 6
Tylosaurus
沧龙类

白垩纪后期海洋的霸王

堪萨斯州

可潜入海水中，长牙齿的海鸟

2 亚利桑那州

摩尔根兽 2
Morganucodon
哺乳形类

最古老的哺乳类动物

亚利桑那龙 2
Arizonasaurus
镶嵌踝类主龙

带有背帆的镶嵌踝类主龙

超龙 5
Supersaurus
蜥脚类（恐龙）

史上最长的陆生动物

黄昏鸟 6
Hesperornis
鸟类

会挖洞的哺乳类动物

3 得克萨斯州

弗鲁塔兽 5
Fruitafossor
哺乳类

3米大。

不到30千克的小型肉食恐龙

腔骨龙 4
Coelophysis
兽脚类（恐龙）

长有"带棘刺的盔甲"的镶嵌踝类主龙

有角鳄 3
Desmatosuchus
镶嵌踝类主龙

　　中生代刚开始的一段时间，美国西部的很多地区沉入海底。但是过了不久，中西部地区又重新成为了陆地，绿色所覆盖的地域变得更加宽广了。以这些森林地区为中心，生活着大量的恐龙。

　　白垩纪的时候，美国的地貌发生了很大的变化。落基山脉开始形成，西部逐渐成为了陆地。与此同时，在中西部，从墨西哥湾到北冰洋的细长低地没入水中，北美洲大陆被分为了东西两个部分。

　　暴龙等著名的恐龙，主要生活在西侧的大陆上。这片大陆，被称作"拉腊米迪亚大陆"。拉腊米迪亚大陆的北部时常与亚洲连接，恐龙往返于它们之间。

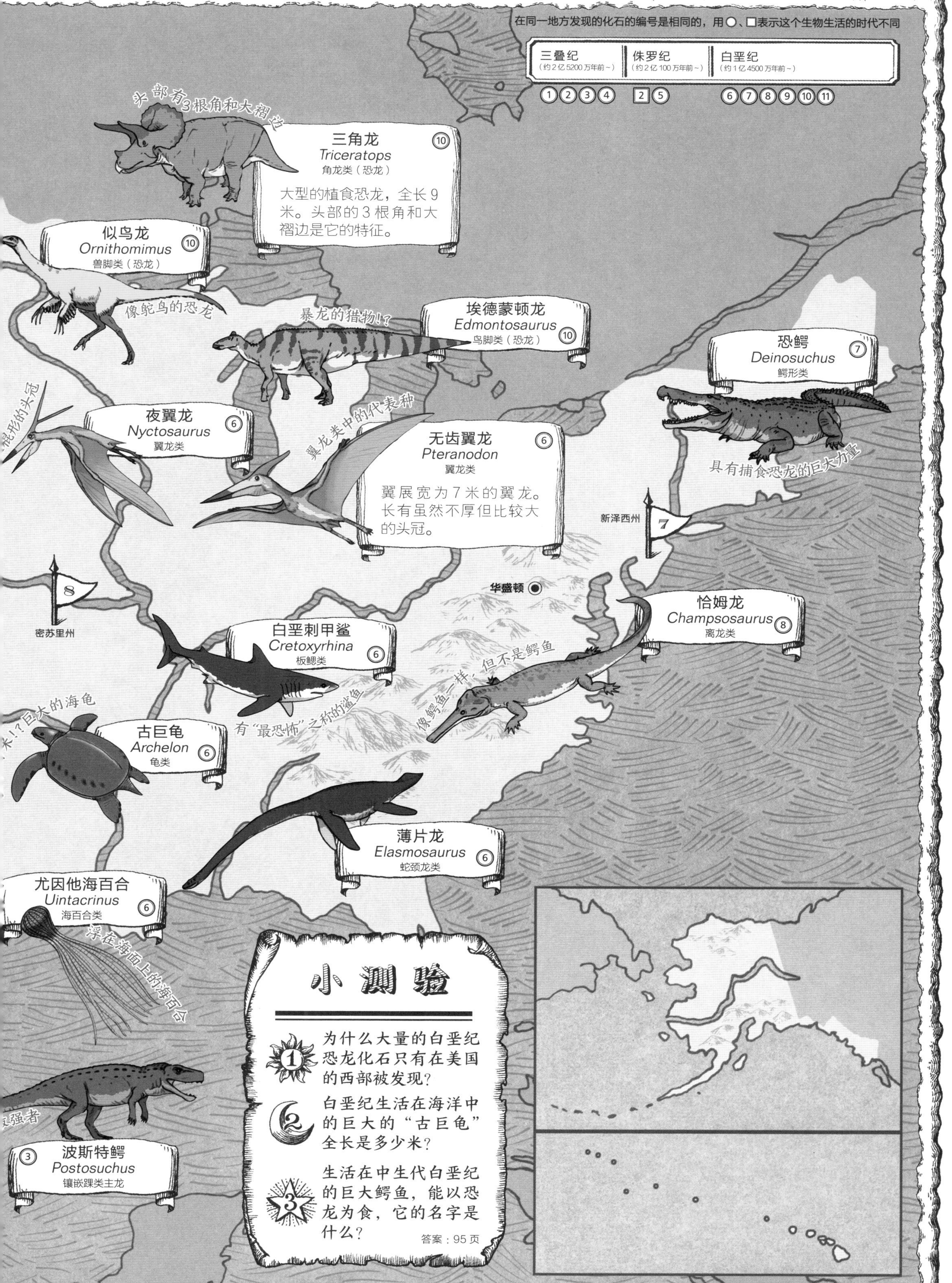

在同一地方发现的化石的编号是相同的，用〇、□表示这个生物生活的时代不同

三叠纪 （约2亿5200万年前～）	侏罗纪 （约2亿100万年前～）	白垩纪 （约1亿4500万年前～）
①②③④	②⑤	⑥⑦⑧⑨⑩⑪

头部有3根角和大褶边

三角龙 ⑩
Triceratops
角龙类（恐龙）

大型的植食恐龙，全长9米。头部的3根角和大褶边是它的特征。

似鸟龙 ⑩
Ornithomimus
兽脚类（恐龙）

像鸵鸟的恐龙

暴龙的猎物!?

埃德蒙顿龙 ⑩
Edmontosaurus
鸟脚类（恐龙）

恐鳄 ⑦
Deinosuchus
鳄形类

冠形的头冠

夜翼龙 ⑥
Nyctosaurus
翼龙类

翼龙类中的代表种

无齿翼龙 ⑥
Pteranodon
翼龙类

翼展宽为7米的翼龙。长有虽然不厚但比较大的头冠。

具有捕食恐龙的巨大力量

新泽西州 7

华盛顿 ●

恰姆龙 ⑧
Champsosaurus
离龙类

8
密苏里州

白垩刺甲鲨 ⑥
Cretoxyrhina
板鳃类

有"最恐怖"之称的鲨鱼

像鳄鱼一样，但不是鳄鱼

米!?巨大的海龟

古巨龟 ⑥
Archelon
龟类

薄片龙 ⑥
Elasmosaurus
蛇颈龙类

尤因他海百合 ⑥
Uintacrinus
海百合类

浮在海面上的海百合

最强者

波斯特鳄 ③
Postosuchus
镶嵌踝类主龙

小测验

1. 为什么大量的白垩纪恐龙化石只有在美国的西部被发现？

2. 白垩纪生活在海洋中的巨大的"古巨龟"全长是多少米？

3. 生活在中生代白垩纪的巨大鳄鱼，能以恐龙为食，它的名字是什么？

答案：95页

67

美国（新生代）

The United States of America

最古老的鳍脚类

什么都吃

猫和犬的共同祖先

海熊兽
Enaliarctos ⑦
鳍脚类

7
俄勒冈州

1
北达科他州

恐狼
Canis dirus ⑭
犬类

古巨猪
Archaeotherium ④
鲸偶蹄类

多马尔古猫兽
Dormaalocyon ④
食肉类

9
南达科他州

黄昏犬
Hesperocyon ④
犬类

最古老的犬类祖先

名字的意思是"令人恐惧的狼"

4
怀俄明州

巨大灭绝的巨大的鲨鱼

神秘灭绝的哺乳类

索齿兽
Desmostylus ⑧
索齿兽类

5
科罗拉多州

3根脚趾的马

内布拉斯加州 11

巨齿鲨
Carcharodon megalodon ⑧
板鳃类

始马
⑤ *Hyracotherium*
马类

最原始的马类的祖先。头和躯干长 50 厘米，前足长有 4 趾，后足 3 趾。

最古老的马

渐新马
Mesohippus ⑤
马类

俄克拉荷马州 10

前腿长，马的近缘动物

8
加利福尼亚州

伪剑齿虎
Hoplophoneus ⑤
猫猫科

石爪兽 ⑧
Moropus
爪蹄兽类

马类的近缘动物，前腿长，趾末端长有爪。肩高 180 厘米。

14
洛杉矶

最后的剑齿虎

和猫科动物类似的哺乳类动物

3
新墨西哥州

刃齿虎
Smilodon ⑭
猫科动物

嘴上排列着骨质的突起

骨齿鸟
Osteodontornis ⑧
骨齿鸟类

灭绝了的肉食哺乳类动物的代表种

16
得克萨斯州

鬣齿兽
③ *Hyaenodon*
肉齿类

进入到新生代的时候，美国已经形成了几乎和现在一样的海岸线。但是，内陆的地貌与现在仍然有一些不同。

例如在西部，现在的怀俄明州及其周边地区，落基山脉在它的东侧平缓地起伏绵延，因为降雨量少，植被并不多。可是在古近纪的时候，落基山脉还没完全形成。在群山间，有流淌的河流，并形成了众多的湖泊和沼泽，在它们的周围是亚热带森林，很多哺乳类动物生活在这里。通过发现的化石我们可以知道，这些动物以狗、猫和马的祖先为主，此外，现在已经灭绝的哺乳类动物也有很多。

现名"大懒兽"

大地懒
Megatherium ⑯
有毛类

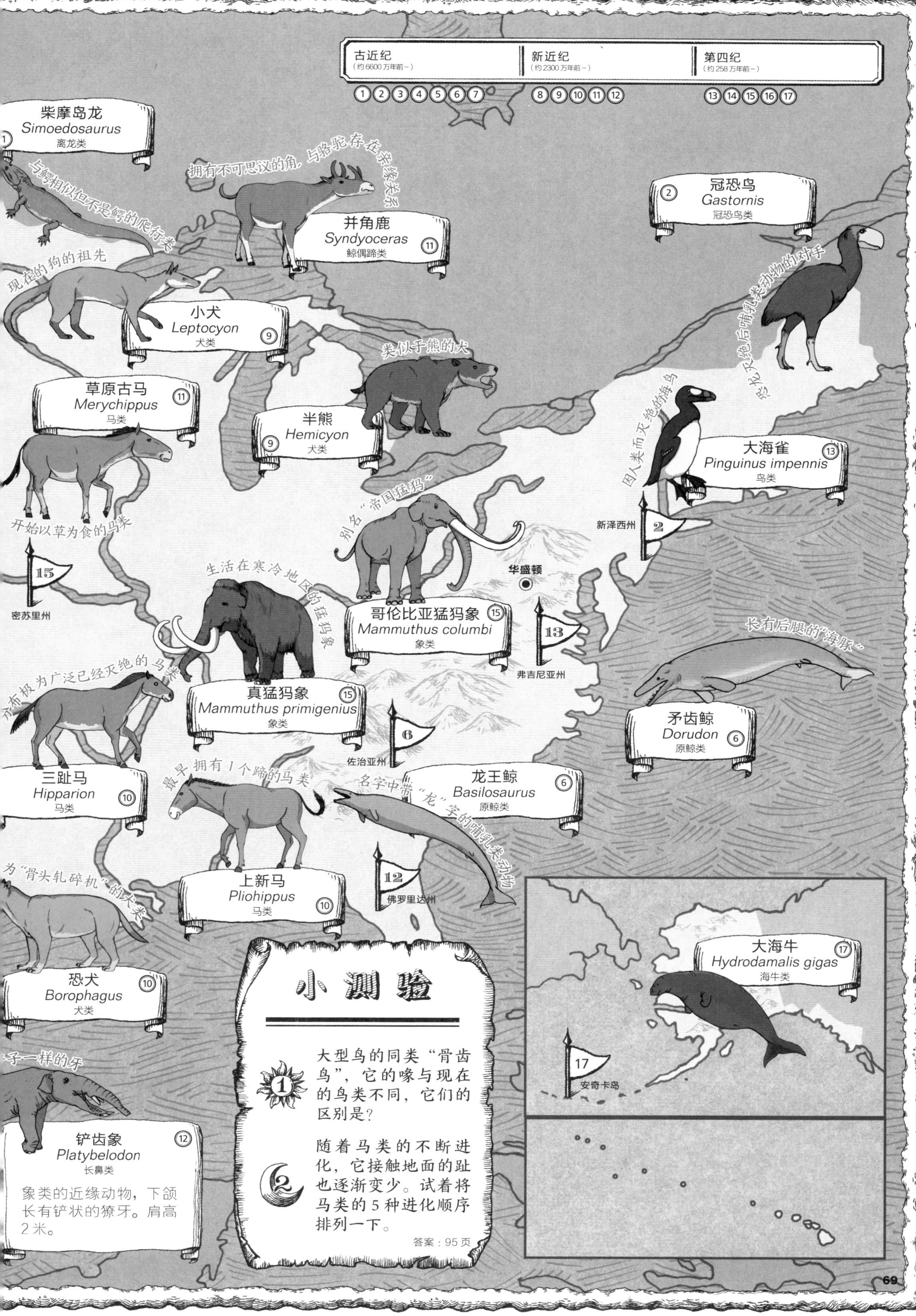

柴摩岛龙 *Simoedosaurus* 离龙类 ①
与鳄相似但不是鳄的爬行类

拥有不可思议的角，与骆驼存在亲缘关系
并角鹿 *Syndyoceras* 鲸偶蹄类 ⑪

冠恐鸟 *Gastornis* 冠恐鸟类 ②

现存的狗的祖先
小犬 *Leptocyon* 犬类 ⑨

类似于熊的犬
半熊 *Hemicyon* 犬类 ⑨

恐龙灭绝后哺乳类动物的对手

草原古马 *Merychippus* 马类 ⑪

因人类灭绝的海鸟
大海雀 *Pinguinus impennis* 鸟类 ⑬
新泽西州 ②

开始以草为食的马类
15 密苏里州

别名"帝国猛犸"
生活在寒冷地区的猛犸象
哥伦比亚猛犸象 *Mammuthus columbi* 象类 ⑮
华盛顿
13 弗吉尼亚州

长有后腿的"海豚"

分布极为广泛已经灭绝的马类
真猛犸象 *Mammuthus primigenius* 象类 ⑮
6 佐治亚州

矛齿鲸 *Dorudon* 原鲸类 ⑥

三趾马 *Hipparion* 马类 ⑩

最早拥有1个蹄的马类
名字中带"龙"字的哺乳类动物
龙王鲸 *Basilosaurus* 原鲸类 ⑥

为"骨头轧碎机"的犬类
上新马 *Pliohippus* 马类 ⑩
12 佛罗里达州

恐犬 *Borophagus* 犬类 ⑩

大海牛 *Hydrodamalis gigas* 海牛类 ⑰
17 安奇卡岛

子一样的牙
铲齿象 *Platybelodon* 长鼻类 ⑫
象类的近缘动物，下颌长有铲状的獠牙。肩高2米。

小测验

① 大型鸟的同类"骨齿鸟"，它的喙与现在的鸟类不同，它们的区别是？

② 随着马类的不断进化，它接触地面的趾也逐渐变少。试着将马类的5种进化顺序排列一下。

答案：95页

69

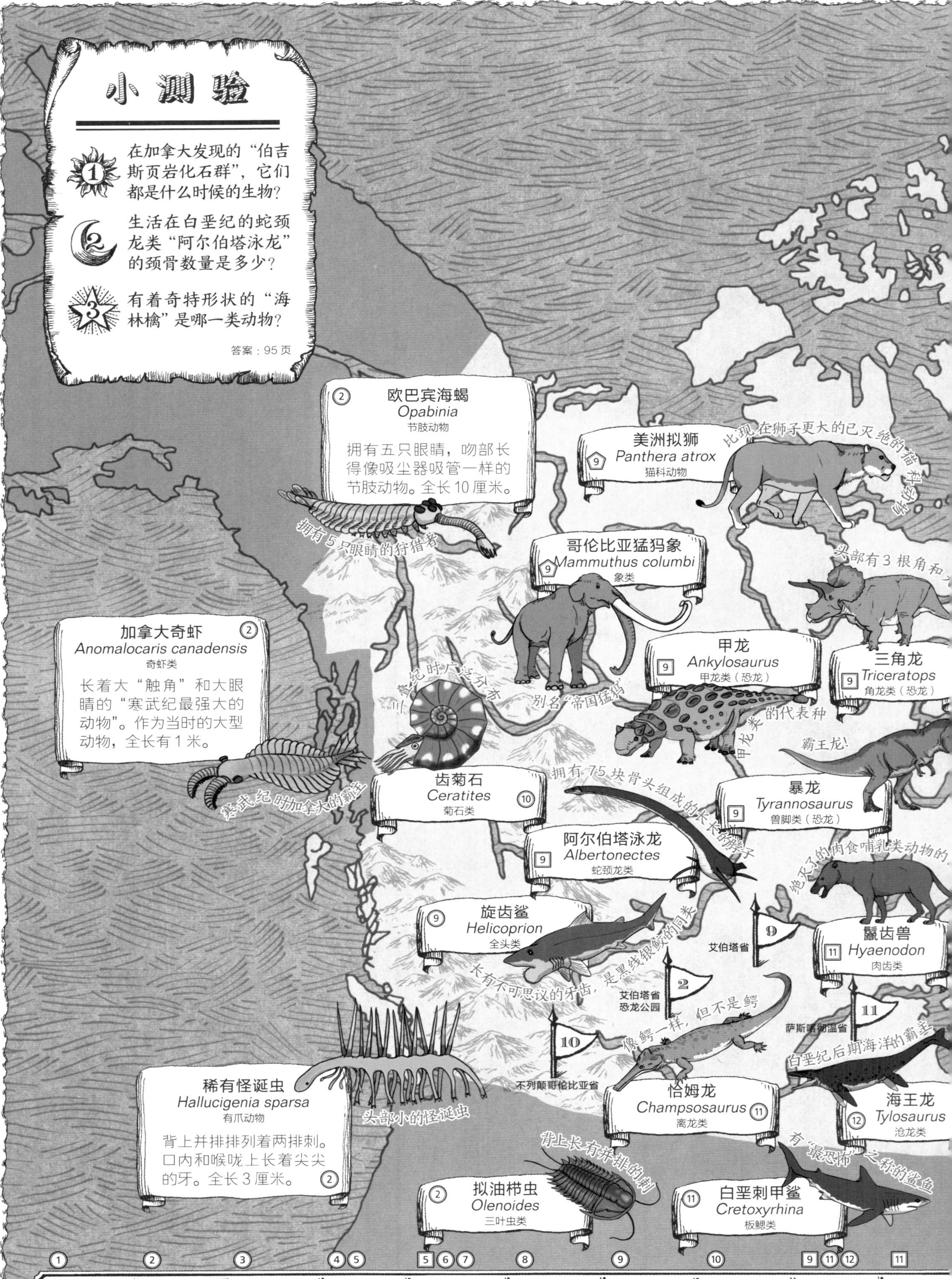

欧巴宾海蝎
Opabinia
节肢动物

拥有五只眼睛，吻部长得像吸尘器吸管一样的节肢动物。全长10厘米。

拥有5只眼睛的狩猎者

美洲拟狮
Panthera atrox
猫科动物

比现在狮子更大的已灭绝的猫科

哥伦比亚猛犸象
Mammuthus columbi
象类

别名"帝国猛犸"

吻部有3根角和

加拿大奇虾
Anomalocaris canadensis
奇虾类

长着大"触角"和大眼睛的"寒武纪最强大的动物"。作为当时的大型动物，全长有1米。

寒武纪时广泛分布

寒武纪时加拿大的霸主

甲龙
Ankylosaurus
甲龙类（恐龙）

甲龙类的代表种

三角龙
Triceratops
角龙类（恐龙）

霸王龙！

齿菊石
Ceratites
菊石类

拥有75块骨头组成的长长的脖子

暴龙
Tyrannosaurus
兽脚类（恐龙）

绝灭了的肉食哺乳类动物的

阿尔伯塔泳龙
Albertonectes
蛇颈龙类

旋齿鲨
Helicoprion
全头类

长有不可思议的牙齿，是黑线银鲛的同类

艾伯塔省

鬣齿兽
Hyaenodon
肉齿类

艾伯塔省恐龙公园

像鳄一样，但不是鳄

萨斯喀彻温省

白垩纪后期海洋的霸主

稀有怪诞虫
Hallucigenia sparsa
有爪动物

背上并排排列着两排刺。口内和喉咙上长着尖尖的牙。全长3厘米。

头部小的怪诞虫

不列颠哥伦比亚省

恰姆龙
Champsosaurus
离龙类

海王龙
Tylosaurus
沧龙类

有"最恐怖"之称的鲨鱼

背上长有并排的刺

拟油栉虫
Olenoides
三叶虫类

白垩刺甲鲨
Cretoxyrhina
板鳃类

1	2	3	4 5	5 6 7	8	9	10	9 11 12	11
埃迪卡拉纪	寒武纪	奥陶纪	志留纪	泥盆纪	石炭纪	二叠纪	三叠纪	白垩纪	古近纪
（约6亿3500万年前~）	（约5亿4100万年前~）	（约4亿8500万年前~）	（约4亿4400万年前~）	（约4亿1900万年前~）	（约3亿5900万年前~）	（约2亿9900万年前~）	（约2亿5200万年前~）	（约1亿4500万年前~）	（约6600万年前~）

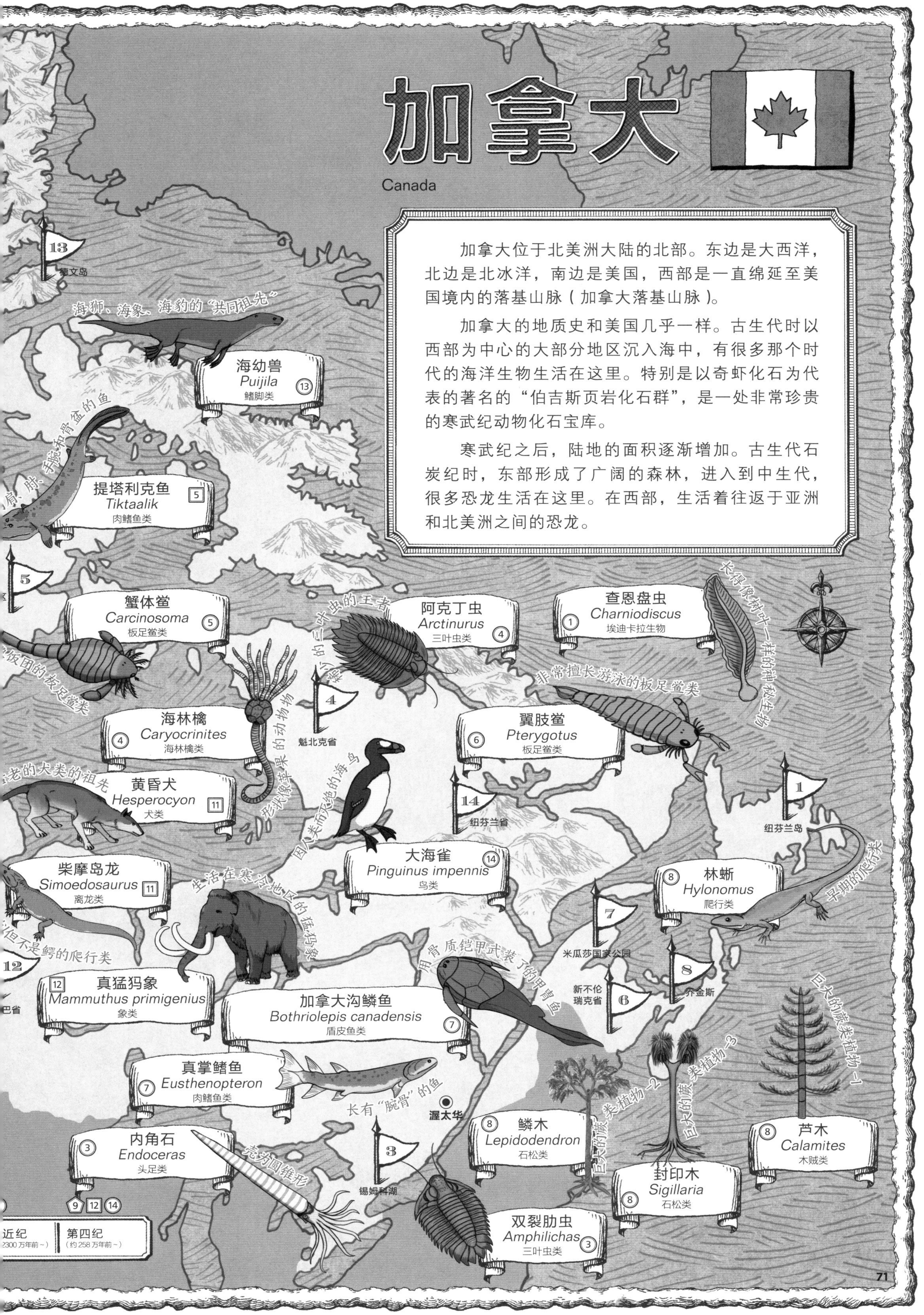

加拿大

Canada

加拿大位于北美洲大陆的北部。东边是大西洋，北边是北冰洋，南边是美国，西部是一直绵延至美国境内的落基山脉（加拿大落基山脉）。

加拿大的地质史和美国几乎一样。古生代时以西部为中心的大部分地区沉入海中，有很多那个时代的海洋生物生活在这里。特别是以奇虾化石为代表的著名的"伯吉斯页岩化石群"，是一处非常珍贵的寒武纪动物化石宝库。

寒武纪之后，陆地的面积逐渐增加。古生代石炭纪时，东部形成了广阔的森林，进入到中生代，很多恐龙生活在这里。在西部，生活着往返于亚洲和北美洲之间的恐龙。

13 格陵兰岛

海狮、海象、海豹的"共同祖先"

海幼兽 Puijila 鳍脚类 13

手脚、手腕和骨盆的鱼

提塔利克鱼 Tiktaalik 肉鳍鱼类 5

5

最大的三叶虫的王者

蟹体鲎 Carcinosoma 板足鲎类 5

最大级别的板足鲎类

海林檎 Caryocrinites 海林檎类 4

阿克丁虫 Arctinurus 三叶虫类 4

魁北克省 4

查恩盘虫 Charniodiscus 埃迪卡拉生物 1

长得像树叶一样的神秘生物

非常擅长游泳的板足鲎类

古老的犬类的祖先

黄昏犬 Hesperocyon 犬类 11

形状像苹果的海百合

翼肢鲎 Pterygotus 板足鲎类 6

14 纽芬兰省

1 纽芬兰岛

柴摩岛龙 Simoedosaurus 离龙类 11

生活在寒冷地区的猛犸象

大海雀 Pinguinus impennis 鸟类 14

因人类而灭绝的海鸟

林蜥 Hylonomus 爬行类 8

早期的爬行类

但不是鳄的爬行类

12 曼尼托巴省

真猛犸象 Mammuthus primigenius 象类 12

用骨质铠甲武装了的甲胄鱼

7 米瓜莎国家公园

8 乔金斯

加拿大沟鳞鱼 Bothriolepis canadensis 盾皮鱼类 7

6 新不伦瑞克省

巨大的蕨类植物-1

真掌鳍鱼 Eusthenopteron 肉鳍鱼类 7

长有"腕骨"的鱼

渥太华

鳞木 Lepidodendron 石松类 8

巨大的蕨类植物-2

巨大的蕨类植物-3

芦木 Calamites 木贼类 8

内角石 Endoceras 头足类 3

完美的圆锥形

封印木 Sigillaria 石松类 8

9 12 14

3 锡姆科湖

双裂肋虫 Amphilichas 三叶虫类 3

近纪
（2300万年前~）

第四纪
（约258万年前~）

71

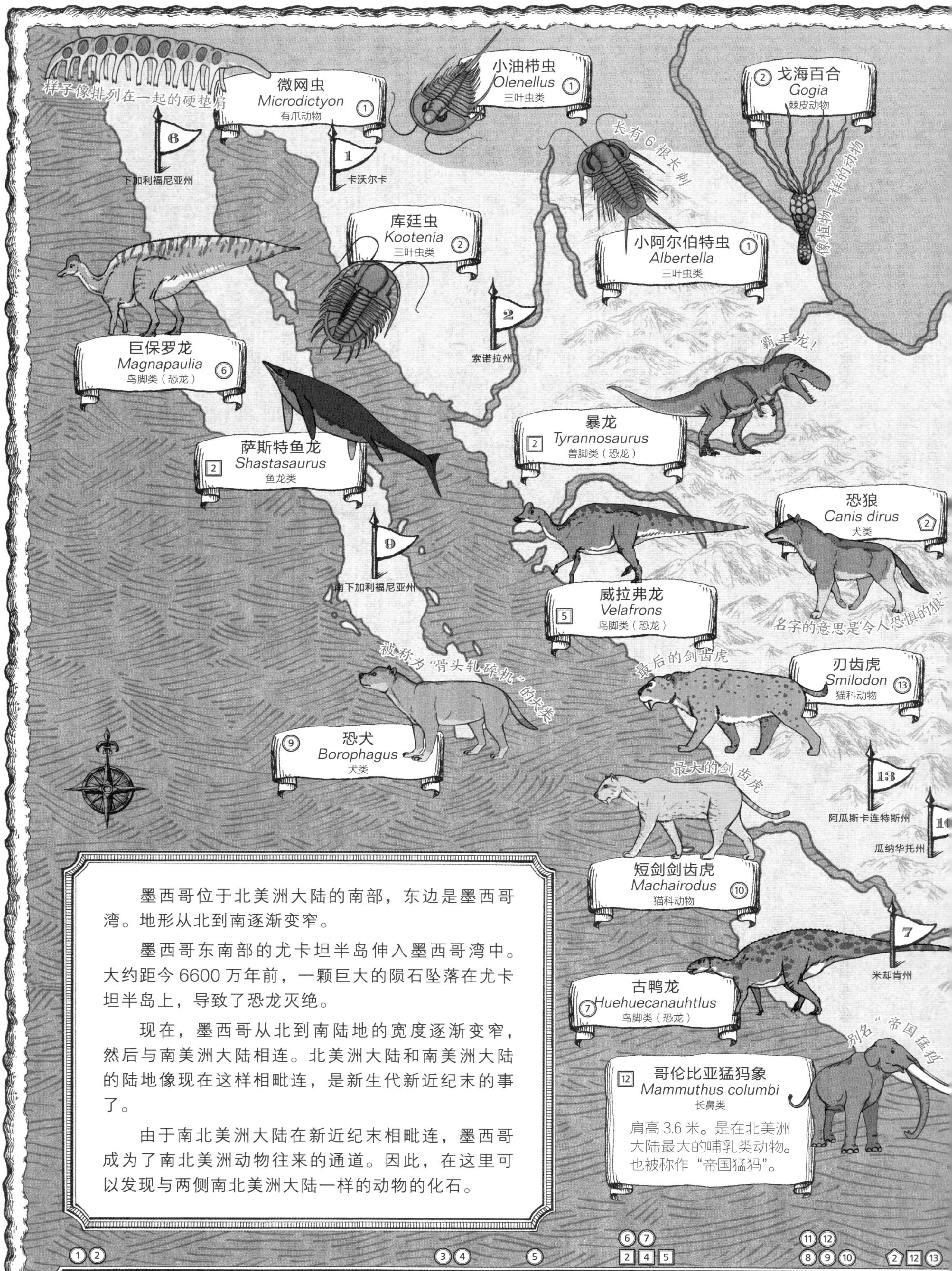

样子像排列在一起的硬垫肩

微网虫
Microdictyon ①
有爪动物

小油栉虫
Olenellus ①
三叶虫类

长有6根长刺

② 戈海百合
Gogia
棘皮动物

像植物一样的动物

库廷虫
Kootenia ②
三叶虫类

小阿尔伯特虫
Albertella ①
三叶虫类

⑥ 下加利福尼亚州

① 卡沃尔卡

② 索诺拉州

霸王龙！

巨保罗龙
Magnapaulia ⑥
鸟脚类（恐龙）

暴龙
② *Tyrannosaurus*
兽脚类（恐龙）

萨斯特鱼龙
② *Shastasaurus*
鱼龙类

恐狼
Canis dirus ②
犬类

⑨ 南下加利福尼亚州

威拉弗龙
⑤ *Velafrons*
鸟脚类（恐龙）

名字的意思是"令人恐惧的狼"

最后的剑齿虎

刃齿虎
Smilodon ⑬
猫科动物

被称为"骨头轧碎机"的犬类

恐犬
⑨ *Borophagus*
犬类

最大的剑齿虎

⑬ 阿瓜斯卡连特斯州

瓜纳华托州 ⑩

短剑剑齿虎
Machairodus ⑩
猫科动物

⑦ 米却肯州

墨西哥位于北美洲大陆的南部，东边是墨西哥湾。地形从北到南逐渐变窄。

墨西哥东南部的尤卡坦半岛伸入墨西哥湾中。大约距今6600万年前，一颗巨大的陨石坠落在尤卡坦半岛上，导致了恐龙灭绝。

现在，墨西哥从北到南陆地的宽度逐渐变窄，然后与南美洲大陆相连。北美洲大陆和南美洲大陆的陆地像现在这样相毗连，是新生代新近纪末的事了。

由于南北美洲大陆在新近纪末相毗连，墨西哥成为了南北美洲动物往来的通道。因此，在这里可以发现与两侧南北美洲大陆一样的动物的化石。

古鸭龙
⑦ *Huehuecanauhtlus*
鸟脚类（恐龙）

别名"帝国猛犸"

哥伦比亚猛犸象
⑫ *Mammuthus columbi*
长鼻类

肩高3.6米。是在北美洲大陆最大的哺乳类动物。也被称作"帝国猛犸"。

①②			③④	⑤	⑥⑦ ②④⑤		⑥⑦		⑪⑫ ⑧⑨⑩	② ⑫ ⑬
寒武纪 （约5亿4100万年前～）	志留纪 （约4亿4400万年前～）	泥盆纪 （约4亿1900万年前～）	石炭纪 （约3亿5900万年前～）	二叠纪 （约2亿9900万年前～）	侏罗纪 （约2亿100万年前～）	白垩纪 （约1亿4500万年前～）	古近纪 （约6600万年前～）	新近纪 （约2300万年前～）	第四纪 （约258万年前～）

72 在同一地方发现的化石的编号是相同的，用 ○、□、⬠ 表示这个生物生活的时代不同

墨西哥

高得利菊石
Gaudryceras 5
菊石类

外扩角石
Eutrephoceras 5
鹦鹉螺类

鱼龙 5
Ichthyosaurus
鱼龙类

视力超群的鱼龙

大眼鱼龙
Ophthalmosaurus 5
鱼龙类

科阿韦拉州

独角龙
Monoclonius 5
角龙类（恐龙）

小型的沧龙

硬椎龙 5
Clidastes
沧龙类

全长不到 5 米的小型沧
龙类。好像是在靠近沿
岸的海域中生活。

长着骨片组成的铠甲

雕齿兽
Glyptodon 12
有甲类

旋齿鲨 3
Helicoprion
全头类

全长 3 米，是黑线银鲛
的同类。下颌中的牙齿，
沿着下颌的中心线像齿
轮一样排列着。

巨齿鲨 8
Carcharodon megalodon
板鳃类

已灭绝的巨大的鲨鱼

尤卡坦州 8

12

墨西哥城

3 普埃布拉州

长有不可思议的牙齿，是黑线银鲛的同类

在世界各地都有发现是大陆漂移说的证据

4 瓦哈卡州

舌羊齿
Glossopteris 4
裸子植物

象类的近亲

11 恰帕斯州

嵌齿象
Gomphotherium 11
长鼻类

生活在寒冷地区的猛犸象

12 真猛犸象
Mammuthus primigenius
象类

蛇颈龙
Plesiosaurus 4
蛇颈龙类

小测验

1. 距今多少年前，陨石撞
击在尤卡坦半岛上，导
致了恐龙的灭绝？

2. 在哪个时代，北美洲
大陆和南美洲大陆的
陆地连接在了一起？

3. 黑线银鲛的同类"旋
齿鲨"下颌中的牙齿
是什么形状的？

答案：95 页

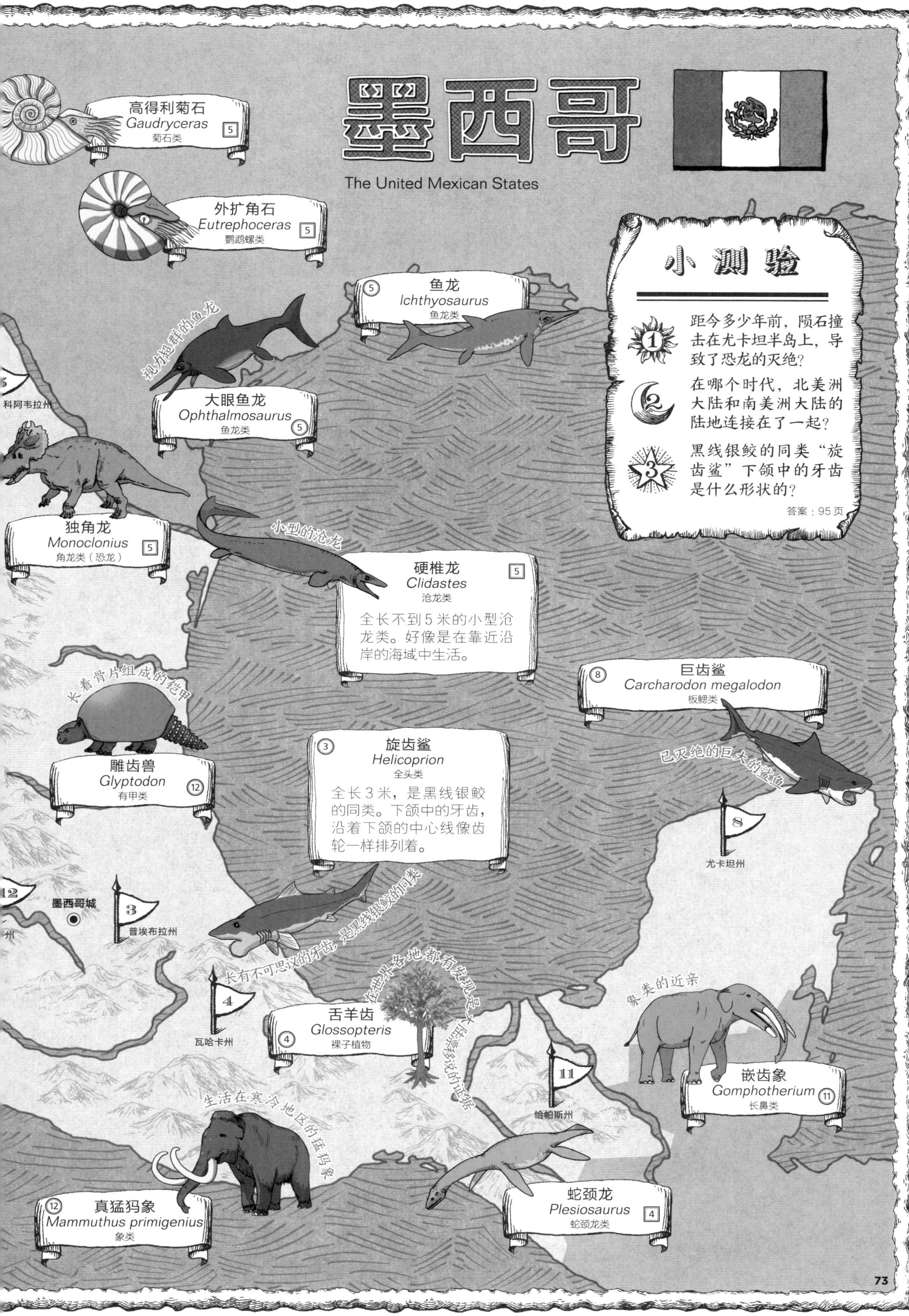

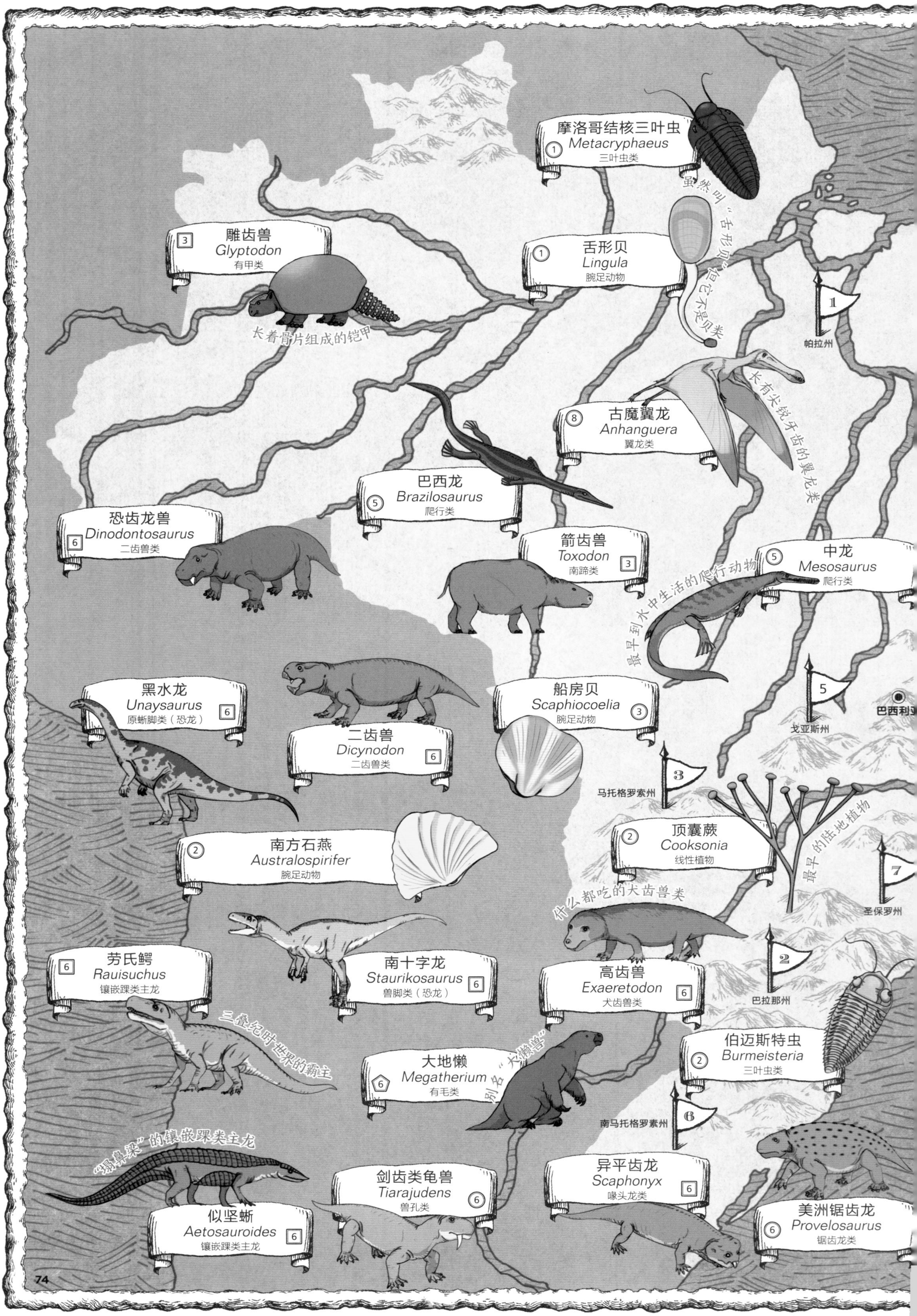

摩洛哥结核三叶虫
Metacryphaeus
三叶虫类
雕齿兽
Glyptodon
有甲类
长着骨片组成的铠甲
舌形贝
Lingula
腕足动物
虽然叫“舌形贝”但它不是贝类
帕拉州
古魔翼龙
Anhanguera
翼龙类
长有尖锐牙齿的翼龙类
巴西龙
Brazilosaurus
爬行类
恐齿龙兽
Dinodontosaurus
二齿兽类
箭齿兽
Toxodon
南蹄类
中龙
Mesosaurus
爬行类
最早到水中生活的爬行动物
黑水龙
Unaysaurus
原蜥脚类（恐龙）
二齿兽
Dicynodon
二齿兽类
船房贝
Scaphiocoelia
腕足动物
戈亚斯州
巴西利亚
马托格罗索州
顶囊蕨
Cooksonia
线性植物
最早的陆地植物
圣保罗州
南方石燕
Australospirifer
腕足动物
什么都吃的犬齿兽类
劳氏鳄
Rauisuchus
镶嵌踝类主龙
三叠纪时世界的霸主
南十字龙
Staurikosaurus
兽脚类（恐龙）
高齿兽
Exaeretodon
犬齿兽类
巴拉那州
伯迈斯特虫
Burmeisteria
三叶虫类
大地懒
Megatherium
有毛类
别名“大懒兽”
南马托格罗索州
“猪鼻梁”的镶嵌踝类主龙
似坚蜥
Aetosauroides
镶嵌踝类主龙
剑齿类龟兽
Tiarajudens
兽孔类
异平齿龙
Scaphonyx
喙头龙类
美洲锯齿龙
Provelosaurus
锯齿龙类

志留纪 （约4亿4400万年前~）	泥盆纪 （约4亿1900万年前~）	石炭纪 （约3亿5900万年前~）	二叠纪 （约2亿9900万年前~）	三叠纪 （约2亿5200万年前~）	侏罗纪 （约2亿100万年前~）	白垩纪 （约1亿4500万年前~）	古近纪 （约6600万年前~）	新近纪 （约2300万年前~）	第四纪 （约258万年前~）
①②③④		⑤⑥⑦	⑥		⑧			③⑥⑨⑩

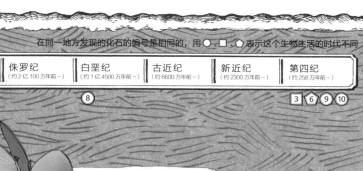

湖南省巨大的飞翔的翼龙

雷神翼龙 ⑧
Tupandactylus
翼龙类
长有很大的帆状头冠的翼龙。翼展宽为3米。

轮肠贝 ④
Tropidoleptus
腕足动物

掠海翼龙 ⑧
Thalassodromeus
翼龙类

皮奥伊州 ④

塞阿拉州 ⑧

北里奥格兰德州 ⑨

腔棘鱼的同类

最后的剑齿虎

莫森鱼 ⑧
Mawsonia
腔棘鱼类
全长3.8米，是史上最大的腔棘鱼类。

刃齿虎 ⑨
Smilodon
猫科动物
"剑齿虎"的代表种。原本生活在北美洲大陆。肩高1.2米。

巴伊亚州 ⑩

大陆漂移说的证据

圣塔那龟 ⑧
Santanachelys
龟类

最古老的海龟

舌羊齿 ⑦
Glossopteris
裸子植物

剑乳齿象 ⑩
Stegomastodon
长鼻类

巴西
The Federative Republic of Brazil

巴西的面积大约占据了南美洲大陆的47%。北部的大部分地区是沿亚马孙河流域分布的热带雨林，南部大致以高原为主。在亚马孙河流域，还没有开展化石的调查。

然而在东北部，位于海岸附近塞阿拉的阿拉里皮盆地，发现了很多中生代白垩纪的鱼类和翼龙类的化石。那时在这个地区，各种各样的翼龙在海岸的上空飞来飞去。

在南部地区，发现了生活在新生代的哺乳类动物的化石。但是，从南美洲只能发现种类不多的哺乳类动物的化石来看，刃齿虎等部分动物，是从北美洲通过墨西哥过来的。

小 测 验

1. 被称作中生代三叠纪的霸主的"劳氏鳄"属于哪一类动物？

2. 史上最大的巨型腔棘鱼"莫森鱼"全长有多少米？

3. "刃齿虎"原本生活在哪里？

答案：95页

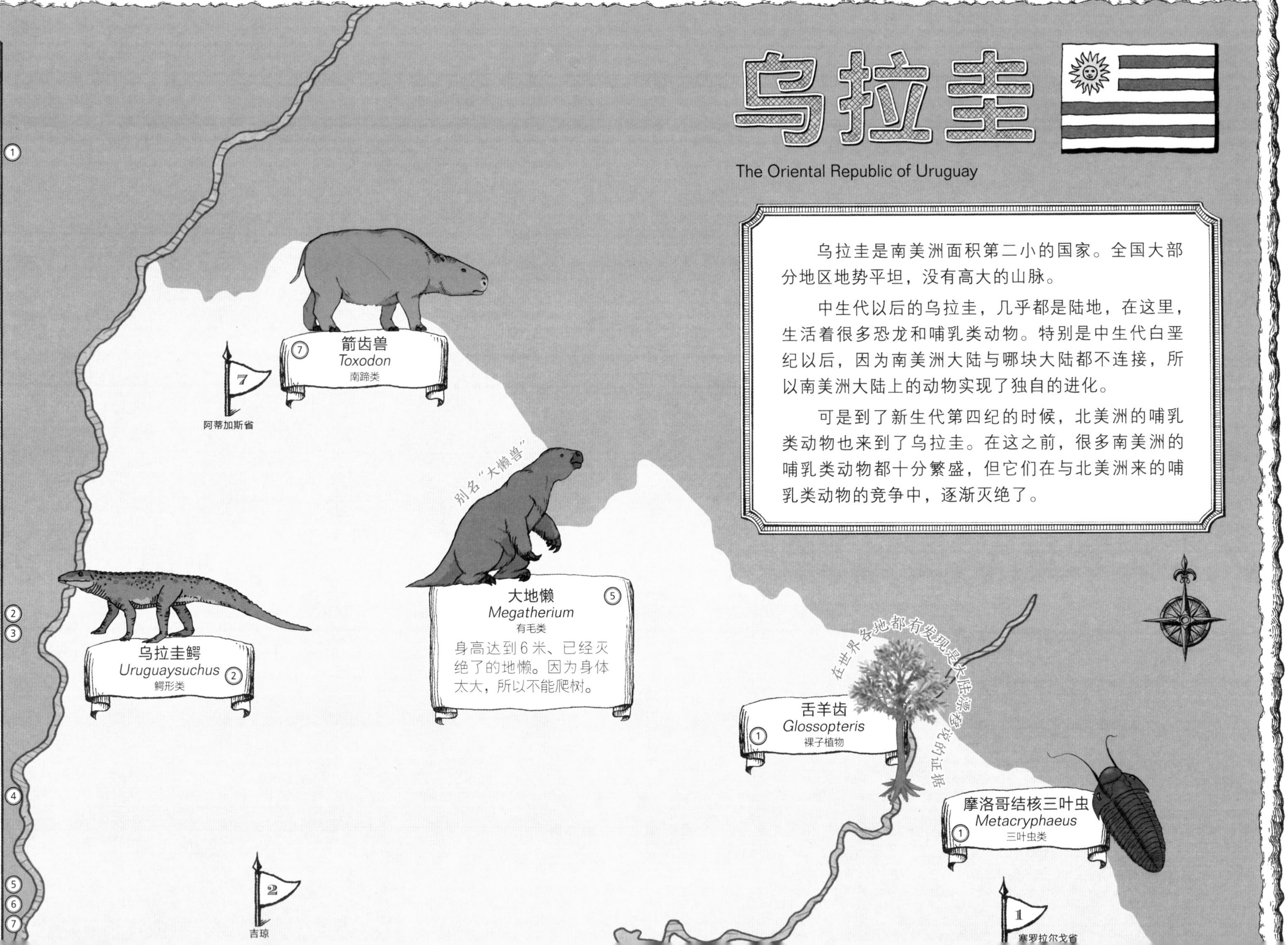

乌拉圭

The Oriental Republic of Uruguay

乌拉圭是南美洲面积第二小的国家。全国大部分地区地势平坦，没有高大的山脉。

中生代以后的乌拉圭，几乎都是陆地。在这里，生活着很多恐龙和哺乳类动物。特别是中生代白垩纪以后，因为南美洲大陆与哪块大陆都不连接，所以南美洲大陆上的动物实现了独自的进化。

可是到了新生代第四纪的时候，北美洲的哺乳类动物也来到了乌拉圭。在这之前，很多南美洲的哺乳类动物都十分繁盛，但它们在与北美洲来的哺乳类动物的竞争中，逐渐灭绝了。

① 摩洛哥结核三叶虫 Metacryphaeus 三叶虫类

各地都有发现是大陆漂移说的证据

① 舌羊齿 Glossopteris 裸子植物

⑤ 大地懒 Megatherium 有毛类
身高达到6米，已经灭绝了的地懒。因为身体大大，所以不能爬树。

⑦ 箭齿兽 Toxodon 南蹄类

② 乌拉圭鳄 Uruguaysuchus 鳄形类

阿蒂加斯省

⑦

志留纪（约4亿4400万年前~）
泥盆纪（约4亿1900万年前~）
石炭纪（约3亿5900万年前~）
二叠纪（约2亿9900万年前~）
三叠纪（约2亿5200万年前~）
侏罗纪（约2亿100万年前~）
白垩纪（约1亿4500万年前~）
古近纪（约6600万年前~）
新近纪（约2300万年前~）
第四纪（约258万年前~）

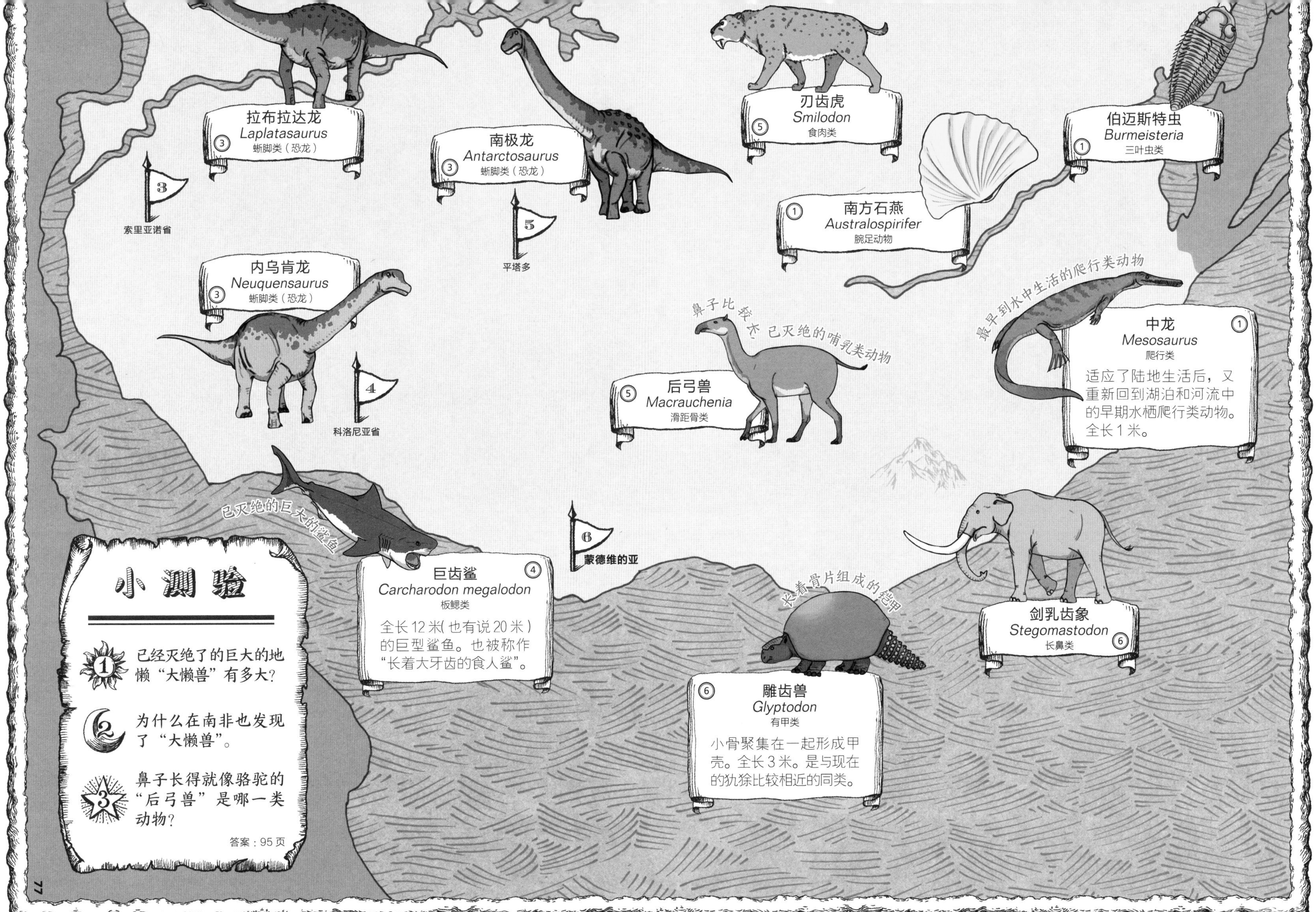

伯迈斯特虫
Burmeisteria
三叶虫类
①

中龙
Mesosaurus
爬行类
①
适应了陆地生活后，又重新回到湖泊和河流中的早期水栖爬行类动物。全长1米。

剑乳齿象
Stegomastodon
长鼻类
⑥

南方石燕
Australospirifer
腕足动物
①

刃齿虎
Smilodon
食肉类
⑤

后弓兽
Macrauchenia
滑距类
⑤
鼻子比貘长、已灭绝的哺乳类动物。

雕齿兽
Glyptodon
有甲类
⑥
小骨片聚集在一起形成甲壳。全长3米，是与现在的犰狳比较相近的同类。

着骨片组成的包甲

蒙德维的亚
⑥

南极龙
Antarctosaurus
蜥脚类（恐龙）
③

平塔多
⑤

巨齿鲨
Carcharodon megalodon
板鳃类
④
全长12米也有说20米的巨型鲨鱼。也被称作"长着大牙齿的食人鲨"。

已灭绝的巨大的鲨鱼

拉布拉达龙
Laplatasaurus
蜥脚类（恐龙）
③

内乌肯龙
Neuquensaurus
蜥脚类（恐龙）
③

科洛尼亚省
④

泰里亚诺省
③

答案：95页

小测验

① 已经灭绝了的巨大的地懒"大懒兽"有多大？

② 为什么在南非也发现了"大懒兽"？

③ 鼻子长得就像骆驼的"后弓兽"是哪一类动物？

77

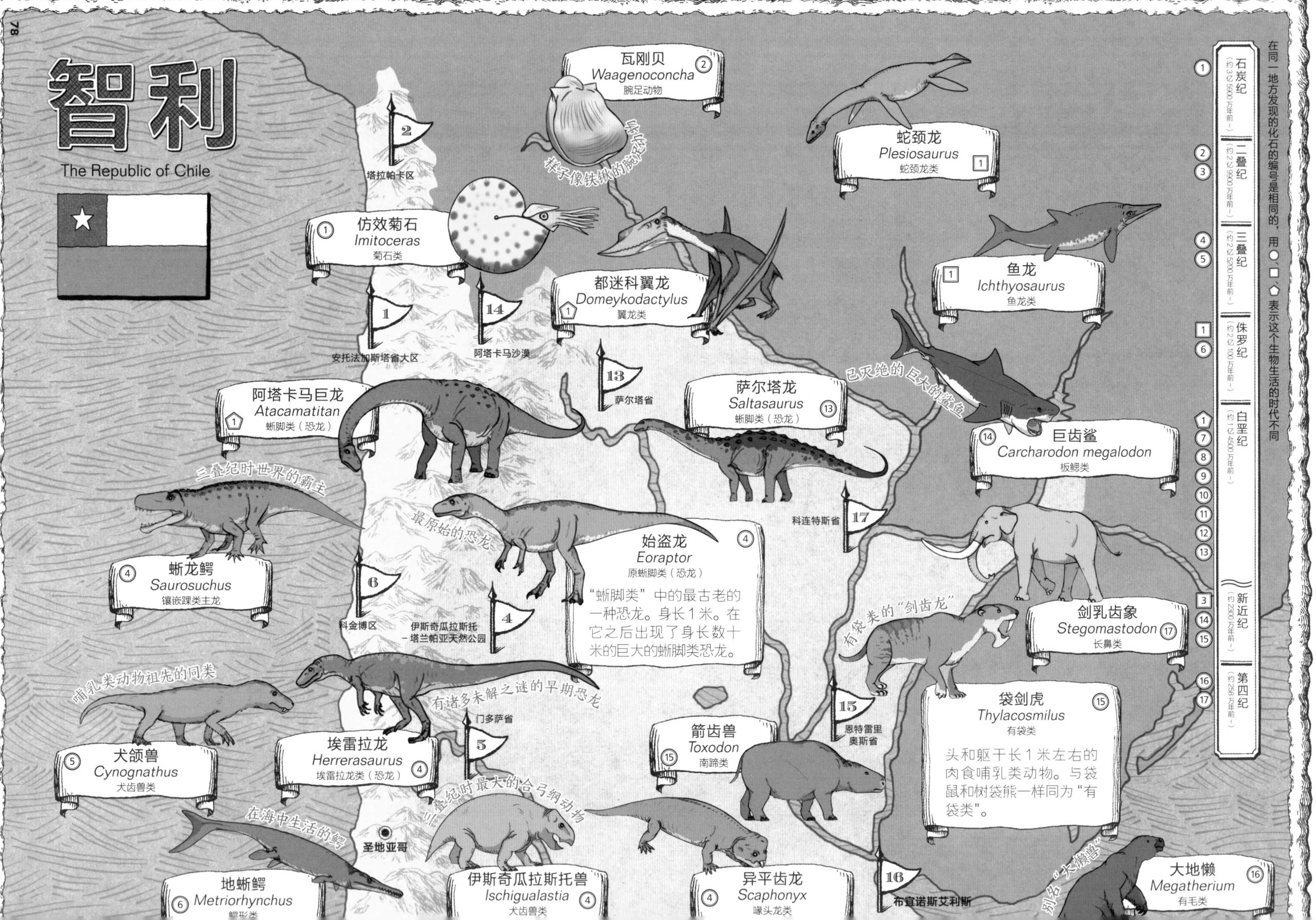

78
智利
The Republic of Chile
在同一地方发现的化石的编号是相同的，用○、□、⬠表示这个生物生活的时代不同
① 石炭纪（约3亿5900万年前～）
②③ 二叠纪（约2亿9900万年前～）
④⑤ 三叠纪（约2亿5200万年前～）
[1]⑥ 侏罗纪（约2亿100万年前～）
⬠1 ⑦⑧⑨⑩⑪⑫⑬ 白垩纪（约1亿4500万年前～）
[3]⑭⑮ 新近纪（约2300万年前～）
⑯⑰ 第四纪（约258万年前～）
瓦刚贝 Waagenoconcha ② 腕足动物
样子像铁锹的腕足动物
蛇颈龙 Plesiosaurus [1] 蛇颈龙类
① 仿效菊石 Imitoceras 菊石类
都迷科翼龙 Domeykodactylus ⬠1 翼龙类
[1] 鱼龙 Ichthyosaurus 鱼龙类
已灭绝的巨大的鲨鱼
⑭ 巨齿鲨 Carcharodon megalodon 板鳃类
阿塔卡马巨龙 Atacamatitan ⬠1 蜥脚类（恐龙）
萨尔塔龙 Saltasaurus ⑬ 蜥脚类（恐龙）
三叠纪时世界的霸主
④ 蜥龙鳄 Saurosuchus 镶嵌踝类主龙
最原始的恐龙
始盗龙 Eoraptor ④ 原蜥脚类（恐龙）
“蜥脚类”中的最古老的一种恐龙。身长1米。在它之后出现了身长数十米的巨大的蜥脚类恐龙。
剑乳齿象 Stegomastodon ⑰ 长鼻类
有袋类的“剑齿龙”
袋剑虎 Thylacosmilus ⑮ 有袋类
头和躯干长1米左右的肉食哺乳类动物。与袋鼠和树袋熊一样同为“有袋类”。
哺乳类动物祖先的同类
⑤ 犬颌兽 Cynognathus 犬齿兽类
有诸多未解之谜的早期恐龙
埃雷拉龙 Herrerasaurus ④ 埃雷拉龙类（恐龙）
⑮ 箭齿兽 Toxodon 南蹄类
在海中生活的鳄
⑥ 地蜥鳄 Metriorhynchus 鳄形类
三叠纪时最大的合弓纲动物
伊斯奇瓜拉斯托兽 Ischigualastia ④ 犬齿兽类
④ 异平齿龙 Scaphonyx 喙头龙类
别名“大懒兽”
大地懒 Megatherium ⑯ 有毛类
2 塔拉帕卡区
1 安托法加斯塔省大区
14 阿塔卡马沙漠
13 萨尔塔省
17 科连特斯省
6 科金博区
4 伊斯奇瓜拉斯托－塔兰帕亚天然公园
5 门多萨省
15 恩特雷里奥斯省
16 布宜诺斯艾利斯
圣地亚哥

阿根廷

The Republic of Argentina

阿根廷和智利位于南美洲大陆的南部，是两个呈细长形的国家。安第斯山脉绵亘于两个国家之间，东侧是阿根廷，西侧是智利。阿根廷的地形以广阔的平原为主，不过在南部地区也有高原分布。而智利沿海地区外，大部分地区是山地。

在北美洲大陆落基山脉形成的几乎同一时间，安第斯山脉也形成了。与此同时，南美洲大陆的西部，此前是海底的智利渐渐成为陆地。

然而，阿根廷在这之前就是陆地，现在位于阿根廷西北部的伊斯奇瓜斯托—塔兰帕亚天然公园，是非常著名的中生代三叠纪动物化石的发现地。

雕齿兽
Glyptodon
有甲类 ⑯
※由骨片组成的甲壳

刃齿虎
Smilodon
猫科动物 ⑯

阿根廷龙
Argentinosaurus
蜥脚类（恐龙）⑫
全长 36 米，是史上最大的恐龙之一。被认为体重达到了 75 吨。

食肉牛龙
Carnotaurus
兽脚类（恐龙）⑩

舌羊齿
Glossopteris
裸子植物 ③

恐鹤
Phorusrhacos
恐鹤类 ③
被称为"恐鸟"的不会飞的鸟

异卷菊石
Aegocrioceras
菊石类 ⑦
异常卷曲的菊石

南方巨兽龙
Giganotosaurus
兽脚类（恐龙）⑨

甚马兽
Thoatherium
滑距骨类 ③

扁鳍鱼龙
Platypterygius
鱼龙类 ⑦
最后的鱼龙类

上龙
Pliosaurus
蛇颈龙类 ⑧

阿马加龙
Amargasaurus
蜥脚类（恐龙）⑪

也许腕龙是种非常刺激的恐龙！
也许这些恐龙还在呼吸大气！
舌羊齿的发现是大陆漂移说的证据
甚马兽与马相似，但它不是马的哺乳类动物

⑫ 内乌肯省
⑨
⑪ 拉潘帕省
⑧ 比奥比奥区
贝雅埃尔省
⑩
③ 圣克鲁斯省
③
⑦ 麦哲伦 智利南部区

小 测 验

① 与双壳贝完全不同种类的"瓦刚贝"生活在哪个时代里？

② 史上最大的恐龙之一的"阿根廷龙"，全长是多少米？

③ 在阿根廷圣克鲁斯省被发现的，被称作"恐鸟"类的那种不会飞的鸟的名字是？

答案：95 页

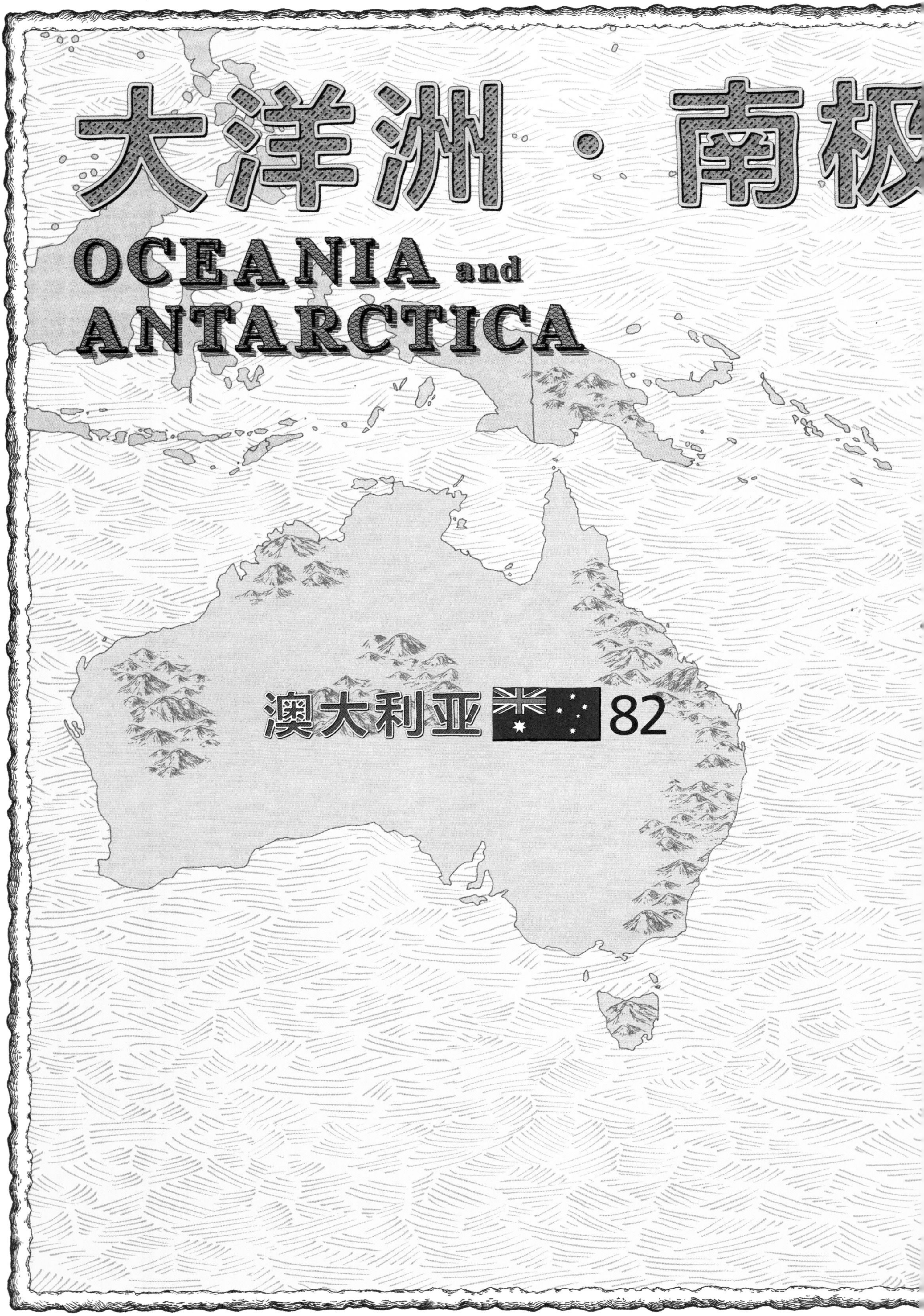

大洋洲·南极

OCEANIA and ANTARCTICA

澳大利亚 82

州

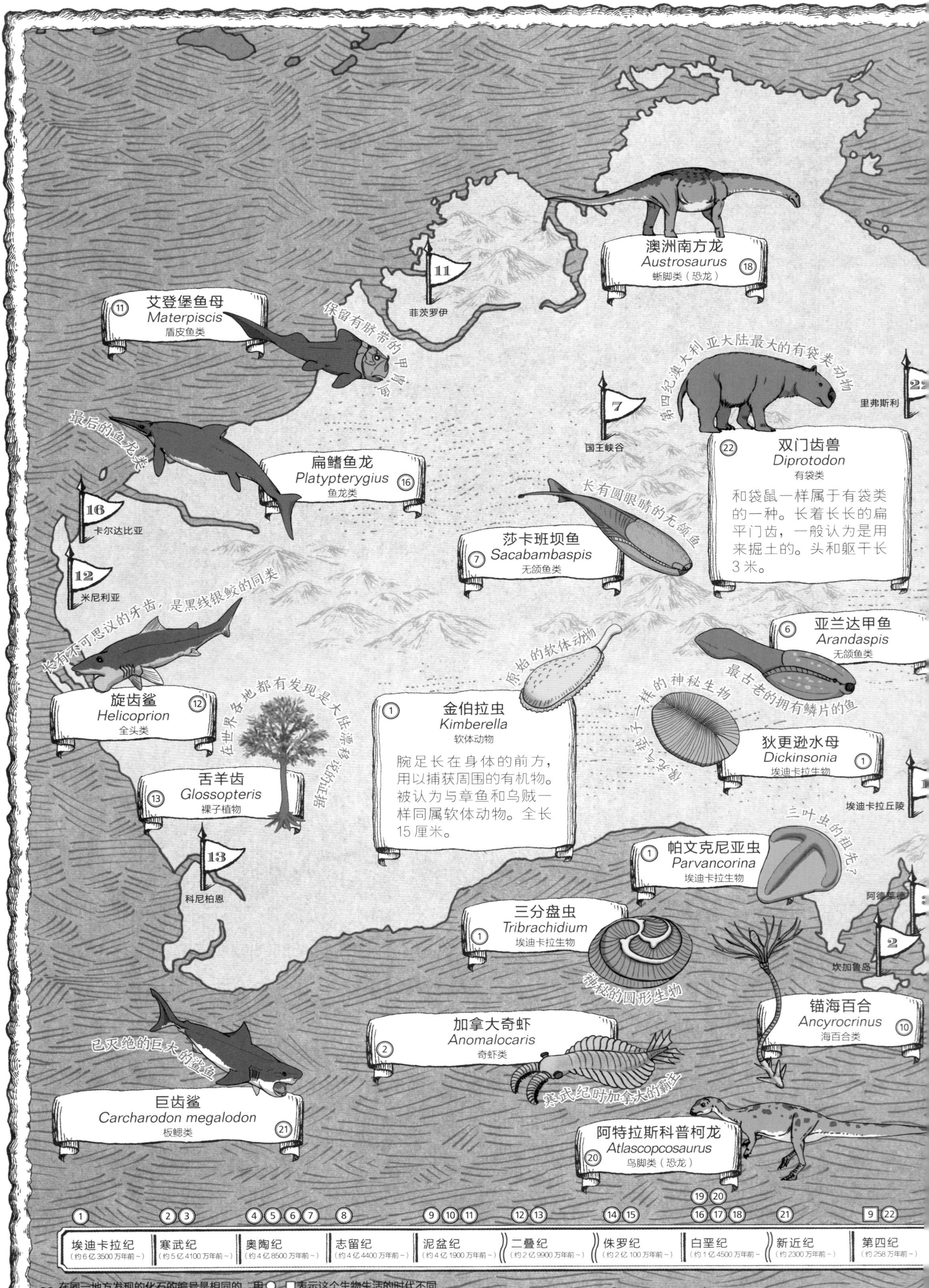

埃迪卡拉纪	寒武纪	奥陶纪	志留纪	泥盆纪	二叠纪	侏罗纪	白垩纪	新近纪	第四纪
（约6亿3500万年前~）	（约5亿4100万年前~）	（约4亿8500万年前~）	（约4亿4400万年前~）	（约4亿1900万年前~）	（约2亿9900万年前~）	（约2亿100万年前~）	（约1亿4500万年前~）	（约2300万年前~）	（约258万年前~）

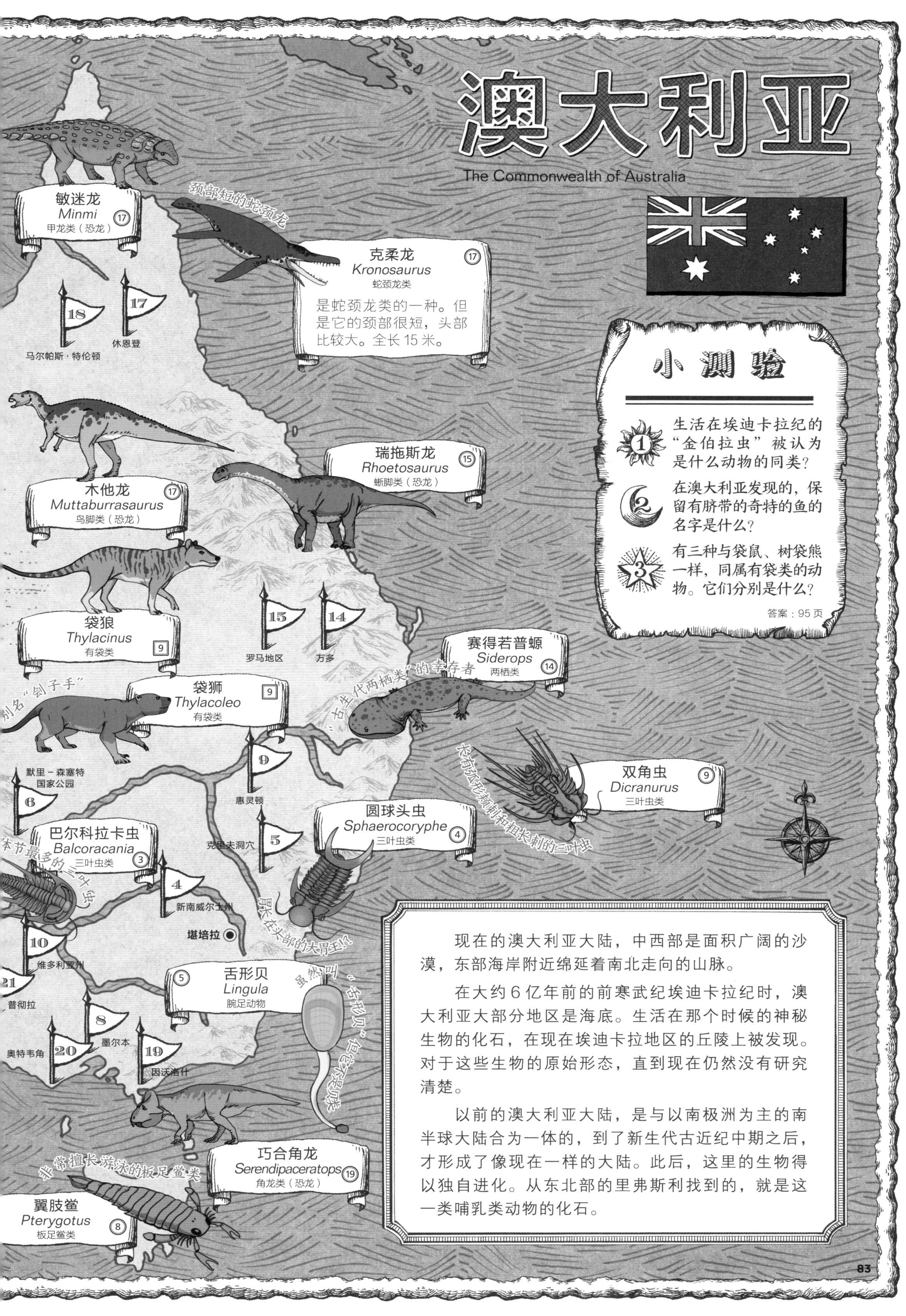

敏迷龙
Minmi (17)
甲龙类（恐龙）

18   17
马尔帕斯·特伦顿   休恩登

颈部短的蛇颈龙

克柔龙
Kronosaurus (17)
蛇颈龙类

是蛇颈龙类的一种。但是它的颈部很短，头部比较大。全长15米。

瑞拖斯龙
Rhoetosaurus (15)
蜥脚类（恐龙）

木他龙
Muttaburrasaurus (17)
鸟脚类（恐龙）

袋狼
Thylacinus (9)
有袋类

别名"刽子手"

袋狮
Thylacoleo (9)
有袋类

15   14
罗马地区   万多

默里-森塞特
国家公园
6

"古生代两栖类"的幸存者

赛得若普螈
Siderops (14)
两栖类

长有大量尖锐长刺的祖长刺的三叶虫

双角虫
Dicranurus (9)
三叶虫类

惠灵顿
9

克里夫洞穴
5

圆球头虫
Sphaerocoryphe (4)
三叶虫类

本节最多的三叶虫

巴尔科拉卡虫
Balcoracania (3)
三叶虫类

10
维多利亚州

21
普彻拉

4
新南威尔士州

堪培拉 ◉

8
墨尔本

20
奥特韦角

19
因沃洛什

如果住在头部的大胃王!!

舌形贝
Lingula (5)
腕足动物

虽然叫"舌形贝"，但其实是……

非常擅长游泳的板足鲎类

翼肢鲎
Pterygotus (8)
板足鲎类

巧合角龙
Serendipaceratops (19)
角龙类（恐龙）

现在的澳大利亚大陆，中西部是面积广阔的沙漠，东部海岸附近绵延着南北走向的山脉。

在大约6亿年前的前寒武纪埃迪卡拉纪时，澳大利亚大部分地区是海底。生活在那个时候的神秘生物的化石，在现在埃迪卡拉地区的丘陵上被发现。对于这些生物的原始形态，直到现在仍然没有研究清楚。

以前的澳大利亚大陆，是与以南极洲为主的南半球大陆合为一体的，到了新生代古近纪中期之后，才形成了像现在一样的大陆。此后，这里的生物得以独自进化。从东北部的里弗斯利找到的，就是这一类哺乳类动物的化石。

新西兰
New Zealand

新西兰由南岛和北岛两个大岛及其附近一些小岛组成。山地面积很大，而且分布有许多火山。

以前的新西兰也是海底，而且地理位置与现在有很大的不同，随着时间的推移，它也移动到了现在的位置。在现在新西兰各地，可以发现那时生活在海洋中的动物的化石。

到了新生代的时候，新西兰的各个岛屿已经形成，陆地的面积也逐渐扩大。这里成为了企鹅等最古老的企鹅栖息地，凯鲁鲁企鹅和威马奴企鹅等最古老的企鹅的化石，在新西兰被发现。

海中的帝王

⑦ 沧龙
Mosasaurus
沧龙类

全长超过10米。白垩纪后期生活在海洋中的代表性动物，它们是那时海洋中的王者。

⑪ 巨齿鲨
Carcharodon megalodon
板鳃类

已灭绝的巨大的鲨鱼

③ 拟包盘菊石
Xenodiscus
菊石类

波克拉
7

⑦ 毛伊龙
Mauisaurus
蛇颈龙类

像三叶虫这样的节肢动物也有三叶虫

② 平背虫
Homalonotus
三叶虫类

② 巅石燕
Acrospirifer
腕足动物

小测验

1. 古近纪时,生活在新西兰的两种企鹅的名字是什么?

2. 白垩纪后期,生活在世界各地的海洋中,是当时海中的王者"沧龙"的大小是多少?

3. 由"恐龙"的命名者理查德·欧文宣布存在并命名的,体型巨大的鸟的名字是什么?

答案:95页

恐鸟 *Dinornis maximus* 鸟类 ⑫

威马奴企鹅 *Waimanu* 企鹅类 ⑩ 身高75~90厘米的鸟与现生的鸟鹞相似。

倾齿龙 *Prognathodon* 沧龙类 ⑧

新石燕 *Neospirifer* 腕足动物 ④ 壳的形状和内部的结构特殊,只要稍微散张开一点,水就会自动流入体内,进而摄取有机物。大小有数厘米。

凯鲁库企鹅 *Kairuku* 企鹅类 ⑨ 大型的企鹅

直角石 *Orthoceras* 头足类 ②

隐头虫 *Calymene* 三叶虫类 ②

伟海百合 *Megistocrinus* 海百合类 ①

双线箭石 *Dimitobelus* 箭石类 ⑥

蛇颈龙 *Plesiosaurus* 蛇颈龙类 ⑤ 头部小,颈部长,是全蛇颈龙的代表种。体长2~3米。

Acaste 三叶虫类 ②

猎章龙 *Kaiwhekea* 蛇颈龙类 ⑥

海怪龙 *Taniwhasaurus* 沧龙类 ⑤

船菊石 *Scaphites* 菊石类 ⑤

五角海百合 *Pentacrinus* 海百合类 ⑤

南极洲

Antarctic

⑤ 莱得利基虫
Redlichia
三叶虫类

早期三叶虫的一种，它的特征是头部两端和尾部前端都长着长长的刺。全长数厘米。

⑧ 副波角石
Cymatoceras
鹦鹉螺类

名字中带"龙"字的爬行类

⑧ 阿里斯顿龙
Aristonectes
蛇颈龙类

⑨ 龙王鲸
Basilosaurus
原鲸类

⑧ 冈内菊石
Gunnarites
菊石类

南极甲龙
Antarctopelta
甲龙类（恐龙）⑧

毛伊龙
Mauisaurus
蛇颈龙类 ⑨

特立尼龙
Trinisaura
鸟脚类（恐龙）⑧

② 埃斯坦虫
Estaingia
三叶虫类

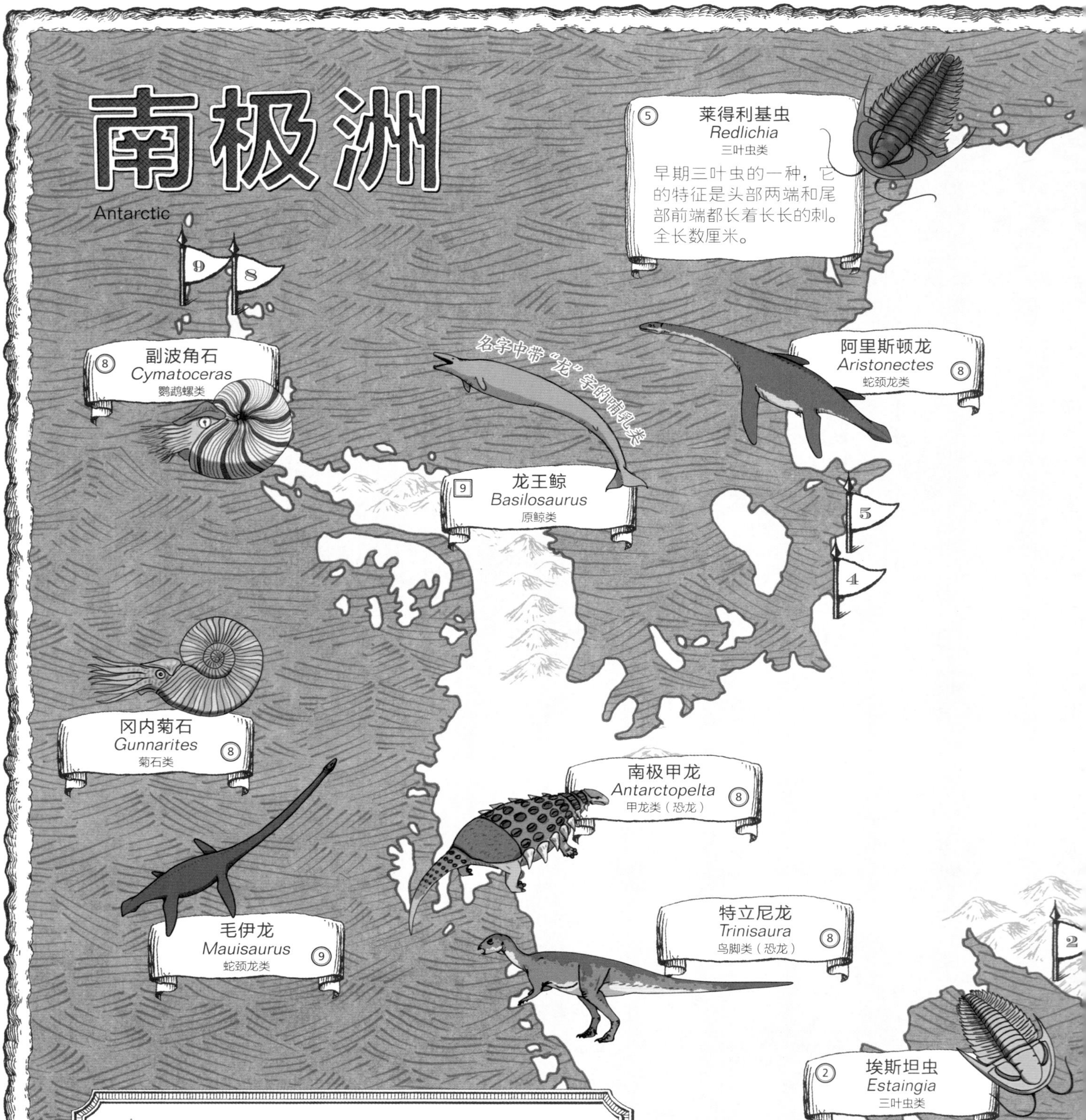

　　南极洲是位于地球最南端的大陆，它的面积大小处在南美洲大陆和澳大利亚大陆之间。现在的南极洲几乎全部被冰雪覆盖着。

　　很早以前的南极洲，并不是像现在一样完全被冰雪覆盖，它成为冰雪大陆是从新生代开始，与澳大利亚大陆分离后的事了。在这之前，有很多动物生活在这块充满绿色的大陆上。从这里发现的化石也证明了中生代时，有恐龙生活在这里。

　　现在，被冰雪覆盖着的内陆地区几乎无法进行调查，不过，在冰雪下一定有很多古生物的化石长眠于此吧！

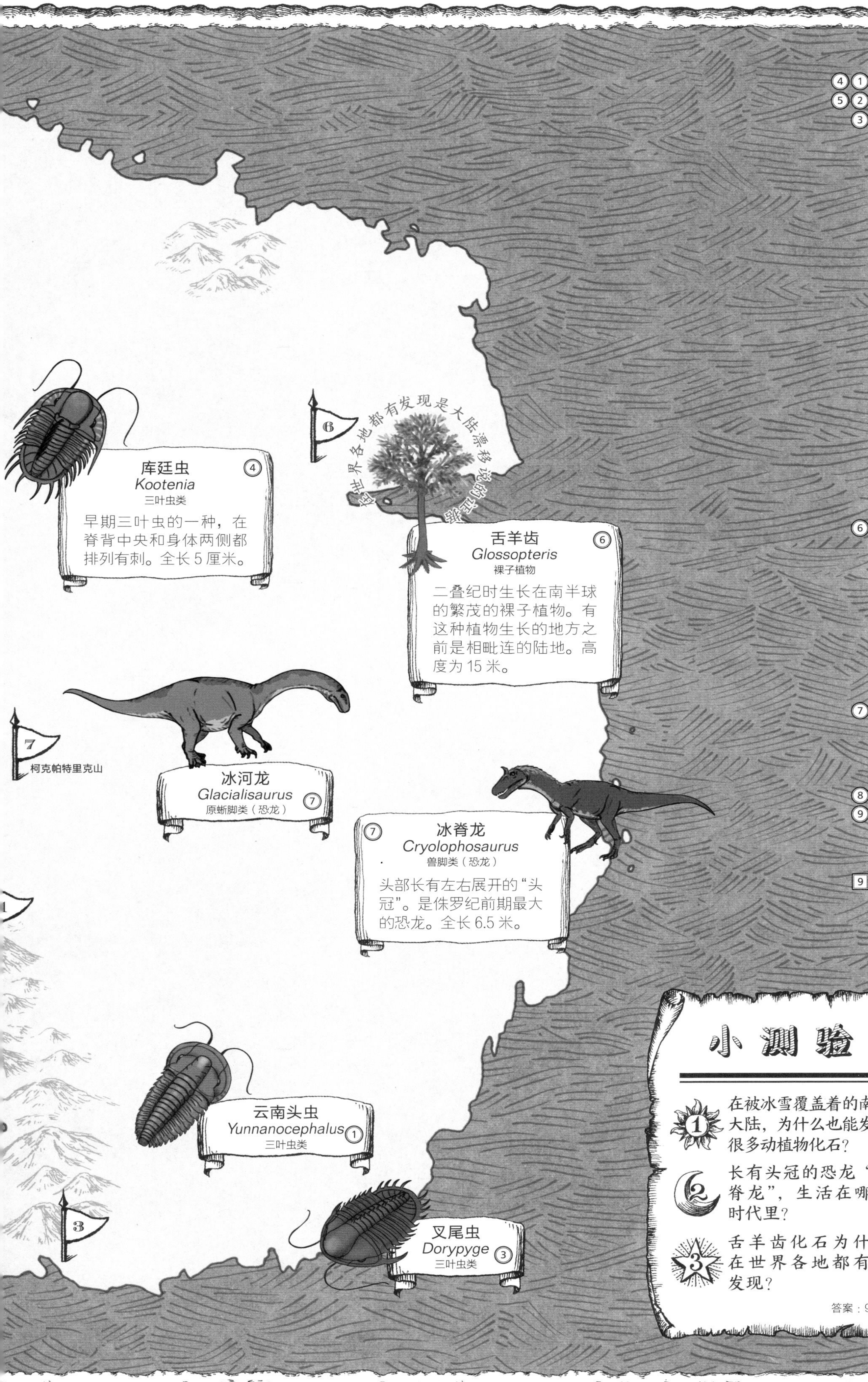

寒武纪（约5亿4100万年前）④① ⑤② ③
奥陶纪（约4亿8800万年前）
志留纪（约4亿4400万年前）
泥盆纪（约4亿1900万年前）
石炭纪（约3亿5900万年前）
二叠纪（约2亿9900万年前）⑥
三叠纪（约2亿5200万年前）
侏罗纪（约2亿100万年前）⑦
白垩纪（约1亿4500万年前）⑧⑨
古近纪（约6600万年前）⑨

库廷虫
Kootenia
三叶虫类 ④
早期三叶虫的一种，在脊背中央和身体两侧都排列有刺。全长 5 厘米。

在世界各地都有发现是大陆漂移说……

舌羊齿
Glossopteris
裸子植物 ⑥
二叠纪时生长在南半球的繁茂的裸子植物。有这种植物生长的地方之前是相毗连的陆地。高度为 15 米。

柯克帕特里克山 7

冰河龙
Glacialisaurus
原蜥脚类（恐龙）⑦

冰脊龙
Cryolophosaurus
兽脚类（恐龙）⑦
头部长有左右展开的"头冠"。是侏罗纪前期最大的恐龙。全长 6.5 米。

云南头虫
Yunnanocephalus
三叶虫类 ①

叉尾虫
Dorypyge
三叶虫类 ③

小测验

1. 在被冰雪覆盖着的南极大陆，为什么也能发现很多动植物化石？

2. 长有头冠的恐龙"冰脊龙"，生活在哪个时代里？

3. 舌羊齿化石为什么在世界各地都有被发现？

答案：95 页

87

INDEX
索 引

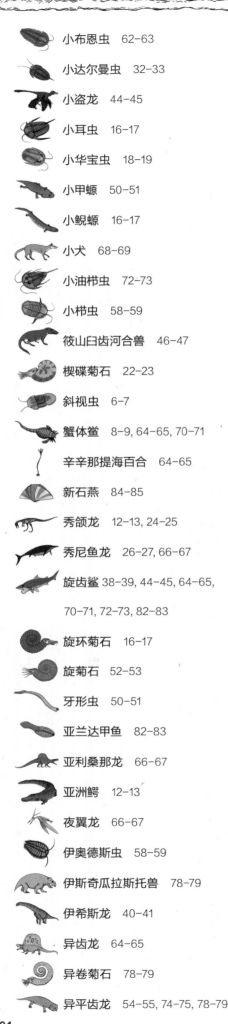

※古生物的学名与拉丁文名：
由于本书中某些物种并没有正式的中文学名，为了阅读方便，这些物种由编译者根据音译或物种特征进行了命名，但应以拉丁文学名为准。

参 考 文 献

○一般书籍

《埃迪卡拉纪·寒武纪的生物》
（主编）群马县立自然史博物馆／（著）土屋健／ 2013 年出版／技术评论社

《奥陶纪·志留纪的生物》
（主编）群马县立自然史博物馆／（著）土屋健／ 2013 年出版／技术评论社

《泥盆纪的生物》
（主编）群马县立自然史博物馆／（著）土屋健／ 2014 年出版／技术评论社

《石炭纪·二叠纪的生物》
（主编）群马县立自然史博物馆／（著）土屋健／ 2014 年出版／技术评论社

《三叠纪的生物》
（主编）群马县立自然史博物馆／（著）土屋健／ 2015 年出版／技术评论社

《侏罗纪的生物》
（主编）群马县立自然史博物馆／（著）土屋健／ 2015 年出版／技术评论社

《白垩纪的生物 上卷》
（主编）群马县立自然史博物馆／（著）土屋健／ 2015 年出版／技术评论社

《白垩纪的生物 下卷》
（主编）群马县立自然史博物馆／（著）土屋健／ 2015 年出版／技术评论社

《古近纪·新近纪·第四纪的生物 上卷》
（主编）群马县立自然史博物馆／（著）土屋健／ 2016 年出版／技术评论社

《古近纪·新近纪·第四纪的生物 下卷》
（主编）群马县立自然史博物馆／（著）土屋健／ 2016 年出版／技术评论社

《简明外国地名事典【第 3 版】》
（主编）谷冈武雄／（编）三省堂编修所／ 1998 年出版／三省堂

《最新 看得懂的地球史【第 2 版】》
（著）川上绅一·东条文治／ 2009 年出版／秀和システム

《新版 地学事典》
（编）地学团体协会／ 1996 年出版／平凡社

《生物 30 亿年的进化史》
（著）道格拉斯·帕默／ 2000 年出版／ Newton Press

《生命和地球的演变图谱 1》
（著）理查德·T·J·穆迪、安德烈·于·迪尔阿夫利奥夫／ 2003 年出版／朝仓书店

《生命和地球的演变图谱 2 》
（著）道格尔·迪克森／ 2003 年出版／朝仓书店

《生命和地球的演变图谱 3》
（著）伊恩·詹金斯／ 2004 年出版／朝仓书店

《日本列岛的诞生》（著）平朝彦／ 1990 年出版／岩波书店

《NHK 特别 地球大进化 1》
（编）NHK "地球大进化" 项目组／ 2004 年出版／ NHK 出版

《NHK 特别 地球大进化 2》
（编）NHK "地球大进化" 项目组／ 2004 年出版／ NHK 出版

《NHK 特别 地球大进化 3》
（编）NHK "地球大进化" 项目组／ 2004 年出版／ NHK 出版

《NHK 特别 地球大进化 4》
（编）NHK "地球大进化" 项目组／ 2004 年出版／ NHK 出版

《NHK 特别 地球大进化 5》
（编）NHK "地球大进化" 项目组／ 2004 年出版／ NHK 出版

《NHK 特别 地球大进化 6》
（编）NHK "地球大进化" 项目组／ 2004 年出版／ NHK 出版

《化石生态系统的演化，第二版》
（著）保罗·塞尔登，约翰·纳兹／ 2012 年出版／ MANSON PUBLISHING

○网站

Federal Department of Foreign Affairs FDFA ／ https://www.eda.admin.ch/eda/en/home.html

PALEOMAP Project ／ http://www.scotese.com/

The Paleobiology Database ／ https://paleobiodb.org/

此外，学术论文多篇

小测验答案

○**挪威和瑞典**／① 新生代第四纪　② 感知亮度　③ 细鳞吻鱼

○**爱沙尼亚、拉脱维亚、立陶宛**／① 因为在古生代泥盆纪晚期与北美洲的一部分连接在了一起　② 两栖类　③ 洞鱼

○**英国**／① 古生代泥盆纪　② 3 米　③ 斑龙

○**德国**／① 洪斯吕克、霍尔茨马登、索伦霍芬、梅塞尔　② 索伦霍芬　③ 艾达

○**波兰**／① 恐龙形类　② 水中　③ 现在的鳄鱼的四肢从身体的侧下方伸出，"原鳄" 的四肢在身体的下方伸出

○**捷克**／① 新生代新近纪　② 3 种　③ 海胆和海星

○**乌克兰**／① 埃迪卡拉生物　② 古生代泥盆纪　③ 犀牛的角长着鼻子的前端，板齿犀的角长在额头上

○**罗马尼亚**／① 洞熊　② 12 米　③ 兽脚类恐龙的同类

○**比利时**／① 30 只以上　② 中生代白垩纪　③ 贝类

○**法国**／① 巨脉蜻蜓　② 蟑螂　③ 植物

○**意大利**／① 全长 21 米　② 前腿的爪子　③ 海百合类

○**瑞士**／① 意大利　② 3 米以上　③ 中生代三叠纪

○**西班牙**／① 1844 年　② 60 厘米　③ 因为过去它们生活在一个小岛上

○**葡萄牙**／① 直到中生代侏罗纪为止，葡萄牙与北美洲大陆之间时常连接在一起。　② 消化器官　③ 中生代三叠纪

○**沙特阿拉伯、阿曼**／① 舌形贝　② 古生代二叠纪　③ 东方辐射蛤、素面蛤

○**俄罗斯**／① 全身长满了长毛，就连肛门也被长毛覆盖着　② 约 3 亿年前　③ 狼蜥兽

○**印度、巴基斯坦、尼泊尔**／① 巴基鲸　② 直到新生代新近纪它还是大海　③ 马的前足是蹄，砂犷兽的前足是钩状爪

○**蒙古**／① 全长 11 米　② 俄罗斯　③ 马氏伊克昭龙

○**中国**／① 古生代寒武纪　② 昆明鱼　③ 除了腹部之外的地方没有甲壳

○**日本**／① 新生代第四纪　② 日本的化石　③ 约 60 厘米

○**南非、纳米比亚**／① 牙形石类（无颌鱼类）　② 中生代侏罗纪　③ 因为它生活在所有大陆都连接在一起的超级大陆 "盘古大陆" 的时代

○**马达加斯加**／① 古生代二叠纪　② 植物　③ 40 厘米

○**肯尼亚、坦桑尼亚**／① 阿法南方古猿　② 135 厘米　③ 西瓦鹿、古羚

○**埃及**／① 中生代白垩纪　② 后面长有脚　③ 肉齿类

○**摩洛哥**／① 全长 2 米　② 古生代泥盆纪　③ 被认为主要生活在水中

○**格林兰岛**／① 鱼石螈　② 滤食水中的有机物　③ 古蛋白

○**美国（古生代）**／① 口的位置位于头部前端而不是下侧　② 海果类　③ 10 米

○**美国（中生代）**／① 北美洲大陆部分地区没入海中，大陆被分为东西两个部分　② 全长 4 米　③ 恐鳄

○**美国（新生代）**／① 喙上排列着骨质的突起　② 始马、渐新马、草原古马、三趾马、上新马

○**加拿大**／① 古生代寒武纪　② 75 块　③ 海林檎类

○**墨西哥**／① 6600 万年前　② 新生代新近纪末　③ 牙齿像齿轮一样排列在一起

○**巴西**／① 镶嵌踝类主龙　② 全长 3.8 米　③ 北美洲大陆

○**乌拉圭**／① 6 米　② 古生代二叠纪时南美洲大陆和非洲大陆曾连接在一起　③ 滑距骨类

○**阿根廷、智利**／① 古生代二叠纪　② 全长 36 米　③ 恐鹤

○**澳大利亚**／① 软体动物　② 艾登堡鱼母　③ 袋狮、袋狼、双门齿兽

○**新西兰**／① 凯鲁库企鹅、威马奴企鹅　② 全长 10 米以上　③ 恐鸟

○**南极洲**／① 因为直到新生代南极洲还是一个绿色的大陆　② 中生代侏罗纪　③ 因为有这种植物化石存在的地区曾经都是相连的

THE PREHISTORIC LIFE MAP OF THE WORLD

THE PREHISTORIC LIFE MAP OF THE WORLD
© KEN TSUCHIYA 2016
Originally published in Japan in 2016 by X-Knowledge Co., Ltd. TOKYO,
Chinese (in simplified character only) translation rights arranged with X-Knowledge Co., Ltd.
本书简体中文版权由北京天域北斗图书有限公司取得，
山东省地图出版社出版发行。
版权所有，侵权必究！

著作权合同登记号 图字：15-2017-119 号

图书在版编目（CIP）数据

世界恐龙地图/（日）土屋健著；张辰译. -- 济南:
山东省地图出版社，2017.6
ISBN 978-7-5572-0209-5

Ⅰ.①世… Ⅱ.①土… ②张… Ⅲ.①恐龙 - 普及读
物 Ⅳ.①Q915.864-49

中国版本图书馆CIP数据核字(2017)第109021号

世界恐龙地图
寻找令人惊异的古生物

著者：【日】土屋健　　主编：【日】芝原晓彦
恐龙、古生物插图：【日】ActoW（插图：德川广和、山本浩司、
　　　　　　　　　　　　山本彩乃、大野理惠；资料制作：小泉智弘）
地图、其他插图：【日】阿部伸二(KARERA)
译者：张　辰

策　　划 / 张国勇
责任编辑 / 谭欣欣　张玉良
策划编辑 / 张俊杰
地图编辑 / 张　丹
美术编辑 / 徐增锐
出版发行 / 山东省地图出版社
印　　刷 / 深圳市星嘉艺纸艺有限公司
经　　销 / 全国各地新华书店
开　　本 / 787×1092毫米　1/16
印　　张 / 5
版　　次 / 2017年6月第1版
印　　次 / 2020年2月第2次印刷
书　　号 / ISBN 978-7-5572-0209-5
审 图 号 / GS（2017）1790号
定　　价 / 88.00元

使用提示：本地图集采用手绘插图的形式介绍世界各地的古生物发现地，远古时代的生活环境，以及与其有关百科知识，本书中所有涉及领土、政区、界线的内容均不能作为划界依据和主张。

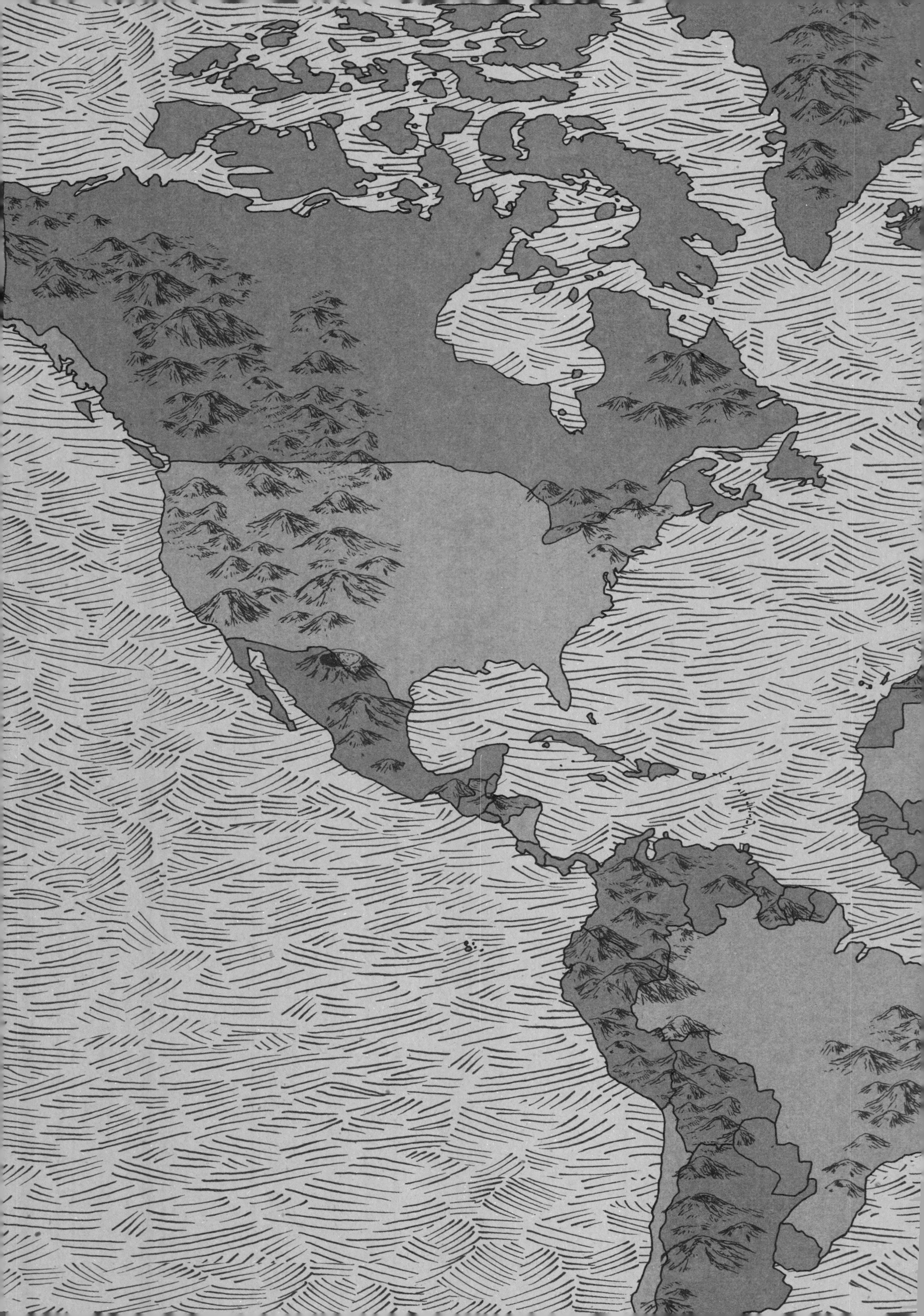